Die KLASSISCHE ARMBANDUHR

MICHAEL BALFOUR

Die KLASSISCHE ARMBANDUHR

Die großen Armbanduhren und ihre Hersteller von den Anfängen bis heute

PARKLAND

DIE KLASSISCHE ARMBANDUHR

Übersetzung und Redaktion: Alfred P. Zeller
Titel der Originalausgabe: The Classic Watch

ISBN 3-88059-866-5
Printed in China

INHALT

PATEK PHILIPPE
GENEVE
CARTIER

FÜR CALANDRA

EINFÜHRUNG

KURZE GESCHICHTE DER ZEITMESSUNG

Als Uhren bezeichnet man Vorrichtungen zum Messen der Zeit, deren naturgegebene Grundeinheiten Jahr, Monat und Tag sind. Bedingt sind diese Einheiten durch die gegenseitigen Bewegungen dreier Himmelskörper: Erde, Sonne und Mond. Der Tag ist die Zeit, die die Erde braucht, um sich einmal um die eigene Achse zu drehen; der Monat ist die Zeitspanne zwischen zwei gleichen Mondphasen, und ein Jahr braucht die Erde, um die Sonne einmal zu umkreisen.

Schon seit alters hat der Mensch versucht, die Zeit zu messen. Zeugnisse dieses Bemühens sind prähistorische Anlagen wie Stonehenge (um 3000 – um 1100 v.Chr.) und die Überreste von Himmelsobservatorien früher Hochkulturen. Sonnenuhren zur zeitlichen Gliederung des Tageslaufes sind seit dem 2. vorchristlichen Jahrtausend nachweisbar, und ab dieser Zeit entwickelten die Völker des Zweistromlands, aber auch Ägypter, Chinesen und Griechen mechanische Meßinstrumente wie Wasseruhren, die zu hoher Kunstfertigkeit gediehen, Sanduhren und Öluhren, deren beim Brennen stetig sinkender Ölstand ein Zeitmaß bot. Ähnlich funktionierten Kerzen- und Räucherstäbchenuhren. Auch amerikanische Kulturvölker wie Maya und Inka befaßten sich mit der Zeitmessung, wie der berühmte, zwischen 300 und 900 n.Chr. entwikelte Maya-Kalender bezeugt.

Eine Wasseruhr mit Räderwerk und Zeitanzeige wurde schon im 2. Jahrhundert v.Chr. in Alexandria gebaut, doch erst die Erfindung der Waaghemmung zu einem uns unbekannten Zeitpunkt ermöglichte die Entwicklung von Räderuhren mit mechanischem Hemmwerk, aus denen unsere Uhren hervorgegangen sind. Begonnen hat es im ausgehenden 13. Jahrhundert im südwestlichen und westlichen Europa. Erste 'Monumentaluhren' an bedeutenden Kirchen sind ab 1284 nachweisbar, und bald schmückten sie auch Türme und Tore. Angetrieben wurde das Räderwerk dieser Uhren durch Gewichte; der Federantrieb wurde erst im 15. Jahrhundert erfunden. Er ermöglichte den Bau kleinerer und bald auch tragbarer Uhren; die Erfindung der Taschenuhr wird dem Nürnberger Peter Henlein zugeschrieben (um 1500). Die Armbanduhr schließlich ging um 1800 aus mit Kleinuhren bestückten Schmuckarmbändern hervor, nachdem vorwiegend französische Uhrmacher (z.B. Abraham-Louis Breguet und Jean-Antoine Lepine) durch sinnreiche Erfindungen wie den Tourbillon-Regulator und den Pedometer-Selbstaufzug die Voraussetzungen für eine weitere Miniaturisierung der Uhr geschaffen hatten. Durchgesetzt hat sich die Armbanduhr freilich erst in unserem Jahrhundert.

Rechts:
Die alte Räderuhr in der Kathedrale von Salisbury.

Unten:
Diese Anzeige aus dem Jahr 1892 ist eine der ersten, auf denen eine Armbanduhr dargestellt ist; beschrieben wird sie als 'schöne schlüssellose Bracelet-Uhr'.

ZU DIESEM BUCH

Armbanduhren sind längst zu einer alltäglichen Selbstverständlichkeit geworden. Seit der Einführung preisgünstiger Quarzuhren mit Digital- oder Analoganzeige kann sich jedermann eine oder auch mehrere Armbanduhren leisten, und so haben die weltweiten Verkaufszahlen schwindelnde Höhen erreicht. Gleichzeitig jedoch sind vor allem mechanische Armbanduhren, diese kleinen, aber erfindungsreichen Meisterwerke der Feinmechanik, immer mehr zu begehrten Sammelobjekten geworden. Genauso wie Oldtimer berühmter Marken – Rolls Royce, Bentley, Daimler, Ferrari, Bugatti, Hispano Suiza, um nur einige zu nennen – bei Versteigerungen eine wachsende Rolle spielen, so tauchen auch zunehmend die kunstvollen Schöpfungen bedeutender Uhrenproduzenten in den Auktionskatalogen auf. Die Zahl der Liebhaber alter Armbanduhren ist in den letzten Jahrzehnten sprunghaft angestiegen. Für sie ist dieses Buch gedacht, das sie mit der Geschichte der Armbanduhr und der bedeutendsten Armbanduhrenhersteller vertraut machen will, denen wir die 'Klassiker' dieses Genres verdanken.

Das Buch ist in zwei Hauptteile gegliedert. Im ersten Teil behandeln wir kurz die Entwicklung der Uhr allgemein und im besonderen der Armbanduhr von ihren Anfängen im 19. Jahrhundert bis zum heutigen Stand der Uhrenfabrikation. Wir stellen die wichtigsten Armbanduhrentypen vor, erklären, was eine 'klassische' Armbanduhr ist, und geben einen knappen Ausblick auf die Zukunftsaussichten dieser Uhrengattung. Den breitesten Raum nimmt jedoch das A-Z wichtiger Firmen ein, in dem deren Geschichte und ihre bedeutendsten Erfindungen und Schöpfungen besprochen werden.

Der zweite Teil des Buches beginnt mit Tips für Sammler. Wer sich neu diesem Sammelgebiet zuwendet, ob er nun auf eigene Faust nach lohnenden Objekten Ausschau hält oder Versteigerungen besucht, ob er nur aus Freude an schönen, interessanten und kostbaren Dingen sammelt oder eine lohnende Investitionsmöglichkeit sucht, braucht Anhaltspunkte, nach denen er sich richten kann, muß wissen, wie man eine solche Sammlung sinnvoll in Angriff nimmt und welche Spezialisierungsmöglichkeiten sich anbieten (wie beim Briefmarkensammeln werden hier nur sehr reiche oder sehr törichte Menschen eine allumfassende 'Weltsammlung' ins Auge fassen). Wir sagen Ihnen, was Sie beim Erwerb von Sammelstücken beachten und wie Sie Ihre Kostbarkeiten aufbewahren und behandeln sollten. Ein mehr als hundert Einträge umfassendes A-Z der Fachbegriffe macht Sie mit allen wichtigen Ausdrücken vertraut, denen Sie im Gespräch mit Händlern oder in Auktionskatalogen begegnen werden, damit Sie wissen, wovon die Rede ist. Dann führen wir einige Adressen an, bei denen Sie zusätzliche Informationen einholen können. Ein ausführliches Namen- und Sachregister schließt das Buch ab und ermöglicht Ihnen ein rasches Zurechtfinden.

Linke Seite, oben und unten: Die berühmte Calibre 89 von Patek Philippe, die bei einer am 9. April von Habsburg, Feldman in Genf veranstalteten Patek-Philippe-Sonderauktion 4,9 Millionen Franken erzielte und damit damals die teuerste Uhr der Welt war. Erworben wurde sie von einem japanischen Investment-Konsortium, das ihr nach einer japanischen Göttin den Namen Kuma gab.

Linke Seite, Mitte: Uhren, die am 22. Januar 1988 bei Christie's in London versteigert wurden. Die Rolex Oyster Cosmograph (obere Reihe, dritte von rechts) erzielte einen der höchsten Tagespreise.

Oben: Die Paketa, eine russische Weltzeituhr, ist für junge Sammler im Westen zum Kultobjekt geworden.

DANGER

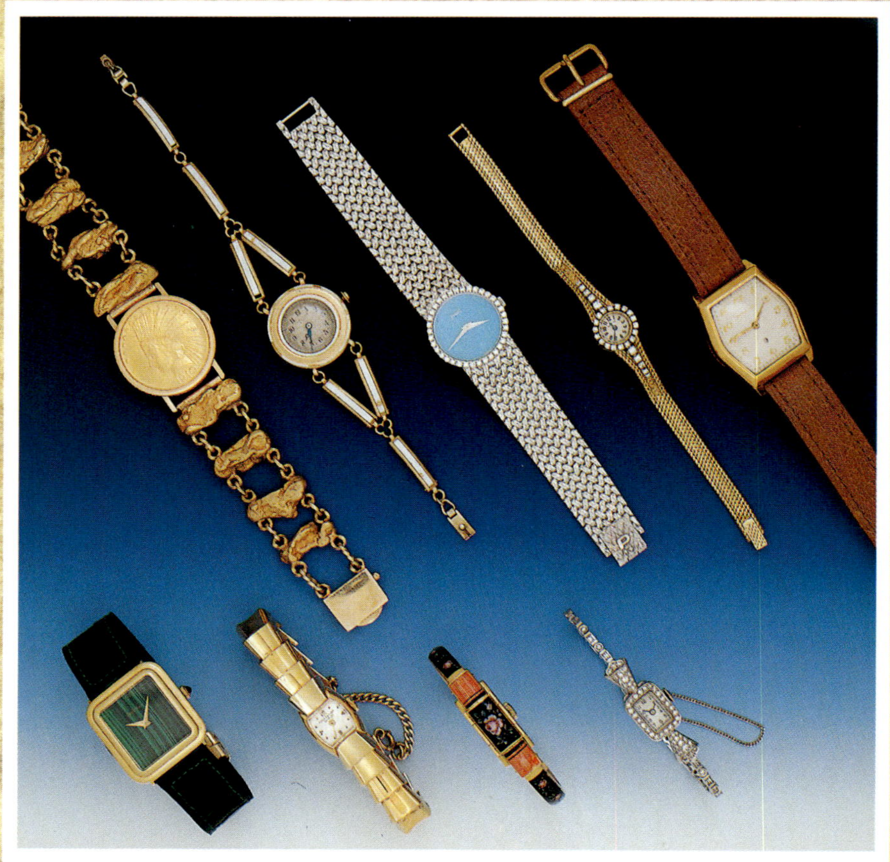

'SWISS MADE'

Diese gesetzlich geschützte Herkunftsbezeichnung tragen in der Schweiz gefertigte Uhren als eine Art Gütesiegel, doch schrecken leider auch Fälscher in aller Welt nicht davor zurück, ihre minderwertigen, oft den Schweizer Uhren äußerlich nachgebildeten Produkte mit dieser Beschriftung zu versehen. In der Schweiz hat die Uhrmacherei eine lange Tradition. 1601 wurde die Genfer Uhrmacherzunft gegründet, und hundert Jahre später gab es schon über 500 Uhrmacher in der Stadt. Als 1685 das Edikt von Nantes widerrufen wurde, das den französischen Protestanten freie Religionsausübung gestattet hatte, und blutige Unterdrückungen einsetzten, flüchteten Hunderte von hugenottischen Uhrmachern aus Frankreich und ließen sich vornehmlich im Schweizer Jura im Gebiet um La Chaux-de-Fonds nieder. In Neuchâtel soll um 1790 Pierre Jaquet Droz die allererste Armbanduhr geschaffen haben. Zu jener Zeit wuchs in den Dörfern des Jura die Zahl der cabinotiers, die Uhrenteile in Handarbeit fertigten und Uhren zusammenbauten. 1808 waren 12 Prozent der 30 000 Einwohner Genfs in der Uhrenherstellung tätig, und im Kanton Neuenburg waren nicht weniger als 400 Uhrmachermeister amtlich registriert.

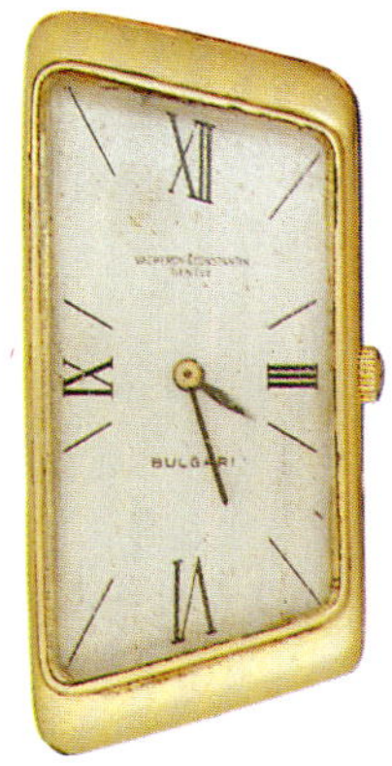

Eine von Vacheron & Constantin um 1950 für Bulgari gefertigte Armbanduhr. Asymmetrische Gehäuse sind bei Sammlern sehr beliebt.

Wichtige Erfindungen wurden in Genf gemacht. 1837 verbesserte Antoine Léchaud den in England entwickelten Ankergang durch die Einfügung von Steinpaletten, ein Jahr später erfand Louis Audemars den Kronenaufzug. 1868, im gleichen Jahr, in dem Patek Philippe eine erste Armbanduhr fertigte, konstruierte Georges-Frédéric Roskopf seine 'Proletarieruhr' mit Stiftengang. Der Amerikaner Aaron Dennison erfand 1871 das wasserdicht verschraubte Uhrgehäuse, und gleichzeitig entwickelte Georges-Auguste Leschot Verfahren zur Produktion genormter Uhrenteile, die die Serienfabrikation ermöglichten. 1880 belieferte Girard-Perregaux die kaiserliche Kriegsmarine mit der ersten in Serie gefertigten Uhr, einer durch ein Metallgitter vor dem Glas geschützten Militäruhr. Armbanduhren von Omega sollen im Zweiten Burenkrieg (1898-1902) eine Rolle gespielt haben, aber Beweise dafür gibt es nicht.

Linke Seite oben: Am 13. Dezember 1988 bei Sotheby's in London versteigerte Armbanduhren. Die zweite Uhr von links in der oberen Reihe ist eine um 1920 gefertigte emaillierte Damenarmbanduhr in Gold (18 Kt) mit signiertem 18-Steine-Werk, arabischen Zahlen auf dem Zifferblatt und zwei weißen Emailringen auf der Lünette.

Linke Seite unten: Ein anderes Los derselben Versteigerung. Oben links die Movado (18 Kt) von 1936, oben Mitte die Rolex Prince (18 Kt) von 1929. Einen der höchsten Tagespreise erzielte eine Rolex Datejust Oyster Perpetual in Dreifarbgold-Gehäuse mit Diamantteilungen und Datumsfenster im champagnerfarbenen Zifferblatt.

Diese Seite von oben nach unten: Tri-Compax-Chronograph mit Kalendarium und Mondphasenanzeige, Gold, von Universal; ungewöhnliche Kelek-Automatik mit Fünfminutenrepetition von Chronoswiss; Constellation-Automatikuhr mit Kalendarium von Omega; rechts: Rolex Oyster Perpetual Date/just, Gold (18 Kt), 1961; automatische Kalenderarmbanduhr in Gold (18 Kt) von Vacheron & Constantin; Flightmaster-Chronograph in Edelstahl von Omega; Speedmaster Professional in Edelstahl von Omega.

TECHNIK, MATERIAL, EIGENSCHAFTEN

In unserem Buch ist von sehr unterschiedlichen Armbanduhrentypen die Rede, auf die wir in diesem Abschnitt nicht im einzelnen eingehen können. Nähere Informationen finden Sie an den entsprechenden Stellen und im A-Z der Fachausdrücke.

Eine mechanische Uhr (die nach klassischer Definition aus mehr als 120 Einzelteilen besteht) wird von einer Zugfeder angetrieben, die, im Federhaus untergebracht, von Hand oder automatisch aufgezogen wird. Die gespeicherte Kraft wird über die Außenverzahnung des Federhauses an das Räderwerk abgegeben und durch die damit verbundene Hemmung so 'gequantelt', daß das Zeigerwerk gleichmäßig bewegt wird. Die Hemmung besteht aus Ankerrad, Anker und Unruh, die durch die Federkraft in Halbschwingungen versetzt wird. Die Schwingungen der Hemmung erzeugen das für mechanische Uhren charakteristische Ticken. Bei Automatikuhren erfolgt der Aufzug der Feder selbsttätig durch eine Schwungmasse, die in der Regel als Rotor ausgebildet ist. Die Energie der Schwingungen wird durch ein Wechsel- und Reduktionsgetriebe auf das Räderwerk des Aufzugs übertragen.

Elektronische Uhren beziehen ihre Energie aus einer kleinen Batterie; Gangregler ist hier ein Quarzkristall, der durch Energiezufuhr in sehr konstante Schwingungen (32 768 pro Sekunde) versetzt wird. Bei Quarzuhren mit Analoganzeige werden diese Schwingungen durch einen winzigen Schrittschaltmotor auf das Zeigerräderwerk übertragen, bei Uhren mit Digitalanzeige durch einen integrierten Schaltkreis in Zeichen für die Flüssigkristallanzeige umgewandelt. Quarzuhren sind robust und gegen Witterungseinflüsse weitgehend unempfindlich; zudem gehen sie um ein vielfaches genauer als einfache mechanische Uhren. Obendrein altern die künstlich hergestellten Schwingquarze kaum.

Die überwiegende Mehrzahl der weltweit verkauften Armbanduhren ist aus Spezialstahl ('stainless steel') gefertigt. Bei Billiguhren und manchen Designeruhren wird auch Kunststoff verwendet. Uhren aus Fiberglas haben sich wegen mangelnder Ganggenauigkeit nicht durchsetzen können. Für teure Uhren verarbeitet man Gelb-, Rot- oder Weißgold (14, 18 oder 22 Karat), aber auch Platin, Titan oder Tantal (den ersten Armbandchronographen aus Tantal mit drei Hilfszifferblättern und vollständigem Kalendarium brachte Audemars Piguet 1988 auf den Markt). Uhren aus seltenen Metallen wie Titan oder Tantal werden mit Sicherheit zu begehrten Sammelobjekten werden.

Wenn Sie keine Spezialkenntnisse haben, sollten Sie niemals selbst eine Uhr öffnen, um das Werk anzusehen oder zu warten; überlassen Sie das lieber dem Fachmann. Auch wenn Sie über ein Schalenmesser für aufgesprengte oder über einen Öffner für verschraubte Böden verfügen – lassen Sie die Finger weg! Das gilt erst recht für besonders geschützte Werke wie bei wasserdichten Uhren, die man heute – von Taucheruhren abgesehen – zutreffender als 'wassergeschützt' bezeichnet. Sie würden diese nach einem Öffnen wohl kaum wieder so zusammenbauen können, daß der Schutz gewährleistet bleibt. Näheres dazu erfahren Sie im Kapitel 'Tips für Sammler'.

Rechte Seite: Die aktuelle Sectora-Kollektion von Jean d'Eve hat gute Aussichten, zum begehrten Sammelobjekt zu werden. Ganz und gar ungewöhnlich ist das Zifferblatt.

KLASSISCHE ARMBANDUHREN

Obwohl die Geschichte der Armbanduhr nur bis ins 19. Jahrhundert zurückreicht, gibt es doch – auch aus der aktuellen Produktion renommierter Firmen – 'Klassiker', die begehrte Sammelobjekte sind.

Der Übersichtlichkeit halber wollen wir diese Klassiker in drei großen Gruppen zusammenfassen. Zur ersten Kategorie zählen Armbanduhren mit 'Komplikationen'. Als Komplikation bezeichnet man bei einer Uhr alles, was über die reine Zeitanzeige hinausgeht, also Mondphasenindikation, Kalendarium (Datums-, Wochentags-, Monats- und evtl. auch Jahres- und Schaltjahranzeige), Repetierwerk und Weckwerk oder Timer. Aber auch technische Verfeinerungen gehören dazu, so die gesteigerte Ganggenauigkeit beim Chronometer, der Tourbillonregulator oder das ultraflache Uhrwerk. Nicht zu vergessen sind die Armbandchronographen mit einfachen oder vielfachen Stoppuhrfunktionen.

Der zweiten Gruppe ordnen wir Armbanduhren mit ungewöhnlichem Design zu, wobei es sich keineswegs um ausgesprochene Designeruhren handeln muß, die besser in unsere dritte Kategorie passen. Ich denke hier vielmehr an Uhren wie die Reverso und die Diamond Mystery von Jaeger-LeCoultre, die Prince im Zweifarbgoldgehäuse von Rolex, die Polyplan von Movado, die Flight I und die Alistair von Hamilton, die Autofahreruhr und die Curvex General von Gruen, die rechteckige skelettierte Kalenderuhr mit Mondphasenanzeige von Audemars Piguet, an die Dali-Entwürfe für Rolex und natürlich an deren Tank und Santos, an die Piccadilly von Illinois und an die erste ausgesprochene Kinderuhr (1933), die Mikey Mouse von Ingersoll.

Mickey-Mouse-Uhren aus der aktuellen Produktion von Apollo Watch Products beweisen, daß die Walt-Disney-Figuren nach wie vor sehr beliebt sind.

Ausgefallene und Erstlingsuhren bilden die dritte Kategorie. Auch hier könnte Ingersolls Mickey Mouse auftauchen neben der Freimaureruhr von Waltham, der Mammoth Digital von Cartier, der Golden Bridge von Corum, der Prince mit springender digitaler Stundenanzeige von Rolex, der Accutron von Bulova (elektrische Stimmgabeluhr, 1960), der Autorist von Harwood (1928, Automatikuhr), der wassergeschützten Oyster von Rolex (1926) und der Rolex-Automatik (1931), dem ersten Armbandchronographen von Breitling (1914), der elektrischen Armbanduhr von Lip (1953), der RockWatch von Tissot, der Jellyfish von Swatch und der Ingenieur der IWC.

Rechts oben:
Die Aussagen auf dieser Anzeige aus dem Jahr 1929 sind voll gerechtfertigt. Durch jede Armbewegung wird das Uhrwerk aufgezogen. Diese wegweisende Erfindung von John Harwood aus dem Jahr 1924 wurde weiterentwikkelt; den Namen des Erfinders tragen heute die von Fortis produzierten eleganten Harwood-Uhren.

Rechts unten:
Charles A. Lindbergh (1902-74) unternahm 1927 mit seinem Eindecker 'Spirit of St. Louis' den ersten Trans-Ozean-Alleinflug von New York nach Paris. Ihm verdanken wir die Anregung für eine Uhr, auf der sich der Stundenwinkel und damit die geografische Länge direkt ablesen läßt und die 1932 von Longines auf den Markt gebracht worden ist.

Folgende Doppelseite:
Die zerrinnende Zeit, Gemälde von Salvador Dali (1904-1989).

THIS AMAZING WATCH WINDS ITSELF!
NEW as the hour and sound as Big Ben. The very latest in watches—the Harwood. Wearing winds it. Dust and damp cannot enter. The movement is of the best. Ask to see it at any high-class Jeweller's.
Ladies and Gents Wristlets in 9ct. Gold for 8 Guineas.
HARWOOD SELF-WINDING WRIST WATCH
Guaranteed and fully serviced by
The Harwood Self-Winding Watch Co. Ltd., Dept. W1. 252-260, Regent Street, London, W.1
THE IDEAL WATCH ACHIEVED!

TRIOMPHE
LINDBERGH

ARMBANDUHREN HEUTE

Nach einer von Citizen veröffentlichten Statistik wurden 1988 weltweit 659 Millionen Armbanduhren aller Arten produziert. 123 Millionen waren mit mechanischen, die übrigen mit Quarzwerken ausgestattet; von den Quarzuhren hatten 228 Millionen Uhren Digital- und 308 Millionen Analoganzeige. Digitaluhren haben offensichtlich stark an Beliebtheit eingebüßt. Bei den Erzeugerländern führt Japan mit 260 Millionen, gefolgt von Hongkong mit 170 Millionen (ausschließlich Digitaluhren) und der Schweiz mit 75 Millionen. Die Zeit der den Markt überschwemmenden Quarz-Billiguhren ist mehr oder weniger vorbei, und die Japaner bemühen sich verstärkt um attraktives Design und Erweiterung der Uhrenfunktionen um allerlei Komplikationen. So zeigte Citizen bei der Basler Mustermesse 1989 die erste quarzgesteuerte Analoguhr der Welt mit einem auf 200 Jahre vorprogrammierten Kalendarium; an acht Zeigern lassen sich Jahr, Monat, Datum, Wochentag, 24-Stundenteilung, 12-Stundenteilung, Minute und Sekunde ablesen. Die Markenwerbung spielt heute genauso eine große Rolle wie vor einem halben Jahrhundert, mit dem Unterschied freilich, daß nur noch sehr wenige Firmen alle Teile der unter ihrem Namen oder Markenzeichen vertriebenen Uhren selbst herstellen. Sie sind von Zulieferern abhängig, die allerdings ihrerseits sehr markenbewußt sind; Endura ist auf diesem Gebiet führend. Als Anfang der siebziger Jahre in Massen produzierte Quarzuhren die Weltmärkte überschwemmten, gaben viele Schweizer Firmen ihren auf die Fertigung mechanischer Uhren ausgerichteten Maschinenpark auf. Zu den wenigen, die dies nicht taten, gehörte Oris, so daß die Firma auf die Renaissance der mechanischen Uhren, die inzwischen eingesetzt hat, unverzüglich reagieren konnte. Viele großen Firmennamen sind in den siebziger Jahren verschwunden, und andere Firmen mußten sich unter das Dach einer Holding begeben. So gehören heute zur Schweizer SMH Certina, Endura, Hamilton, Longines, Mido, Rado, Swatch und Tissot; in Japan sind Jean Lassale, Lorus, Pulsar, Seiko und Yema in der in Familienbesitz befindlichen Hattori-Gruppe zusammengeschlossen.

'Swiss made' ist immer noch ein Gütesiegel für erstklassige Armbanduhren, und nach wie vor spielen bei Qualitätsuhren die traditionellen Schweizer Uhrmacherzentren – Biel, Genf, Grenchen, La Chaux-de-Fonds, Le Brassus, Le Locle, Le Sentier, Lausanne, Neuchâtel, Schaffhausen und Zürich – eine wichtige Rolle. In Deutschland ist fast nur noch Pforzheim von einiger Bedeutung, während in den übrigen europäischen Ländern und in den Vereinigten Staaten keine nennenswerte Armbanduhrenindustrie mehr existiert.

Links: Den erfolgreichsten Versuch, der Schwemme billiger Quarzuhren Paroli zu bieten, hat die zum Uhren-Giganten SMH gehörende Swatch unternommen. Hier drei Modelle aus dem umfangreichen Programm modern gestylter Uhren.

Rechts: Einen Vorläufer der Swatch-Uhren brachte die französische Firma Lip auf den Markt. Hier die berühmte Mach 2000 von Roger Tallon.

DIE ZUKUNFT DER ARMBANDUHR

Wir können davon ausgehen, daß die Beliebtheit der Armbanduhr weiter zunehmen wird. Das wird dazu führen, daß viele Menschen mehrere Uhren für verschiedene Anlässe (Büro, Freizeit, Sport, Abendgesellschaft usw.) besitzen werden. Es wird noch mehr spezifisch für Kinder und Jugendliche geschaffene Uhren – auch in höheren Preisklassen – geben, die auf neue Trends eingehen oder sie gar schaffen. Wachsen wird auch der Markt für hochwertige und teure mechanische Analoguhren. Wie große Autodesigner und Modeschöpfer (Enzo Ferrari, Yves Saint Laurent u.a.) zu Recht weltweit berühmt sind, so werden auch bedeutende Uhrendesigner wie Gérald Genta größere Bekanntheit erlangen. Renommierte Firmen der Haute Couture und der Luxus-Accessoires werden mehr und mehr mit eigenen Uhren auf den Markt kommen; schon heute kontrollieren Gucci (und Hermès mit weltweit 200 Verkaufsstellen) weitgehend die Herstellung der von ihnen vertriebenen Armbanduhren.

A-Z WICHTIGER FIRMEN

AUDEMARS PIGUET
TACHYMETER
AUDEMARS PIGUET
AUTOMATIC

AUDEMARS PIGUET

Dieser Doppelname findet sich auf den Zifferblättern einiger der größten 'Klassiker' unter den Armbanduhren, die je geschaffen wurden; für viele Freunde von Qualitätsuhren hat er denselben Klang, wie der Name Rolls Royce ihn für Auto-Fans hat. Seit jeher führt die Firma über alle von ihr hergestellten und vertriebenen Uhren genau Buch. Jede Uhr hat eine individuelle Fertigungsnummer, so daß sich Fälschungen recht gut nachweisen lassen.

In der Frühzeit der 1882 gegründeten Firma versprachen Armbanduhren noch kein Geschäft, und so konzentrierte man sich zunächst auf Taschenuhren, von denen manche heute bei Versteigerungen erstaunlich hohe Preise erzielen. Am berühmtesten wurden La Grande Complication (von der von 1915 bis 1989 nur 100 Stück gefertigt wurden), La Grande Sonnerie, die Uhr mit ewigem Kalender und Minutenrepetition und die skelettierte Taschenuhr. Nachdem durch den Ersten Weltkrieg die Herstellung von Armbanduhren gewaltig zugenommen hatte, wandte man sich in den zwanziger Jahren den Bedürfnissen des zivilen Marktes zu, der nach zuverlässigen, aber auch schönen und modischen Uhren verlangte; Edelmetalle und Edelsteine spielten eine wachsende Rolle.

Links:
Automatik-Chronograph in Gelbgold (18 Kt) und Tantal von Audemars Piguet.

Oben:
Goldene Uhr mit integriertem Band, geschliffenem Zifferblatt mit aufgesetzten Stabteilungen und Stabzeigern von Audemars Piguet.

Schon früh ging Audemars Piguet dazu über, Qualitätsuhren und hochwertige Kaliber an international angesehene Firmen zu liefern, die sie dann unter eigenem Namen verkaufen konnten. In solchen Fällen ist der Name Audemars Piguet nicht auf den Zifferblättern und teils noch nicht einmal auf den Uhrwerken zu finden. Zu den großen Häusern, für die die Schweizer Firma in den ersten drei Dekaden unseres Jahrhunderts Uhren fertigte, gehören Van Cleef & Arpels in Paris und Tiffany in New York. Armbanduhren aus der ersten Jahrhunderthälfte, die diese Namen tragen, können also von Audemars Piguet stammen. Eine Überprüfung der Werknummer anhand der Firmenbücher kann im Zweifelsfall Gewißheit bringen. Das gilt auch für manche in den Vereinigten Staaten vertriebene hochwertige Armbanduhren, denn von der Jahrhundertwende bis in die dreißiger Jahre wurden nur selten komplette Uhren eingeführt; wegen der hohen Importzölle lieferten Audemars Piguet und andere Schweizer Hersteller in der Regel nur Rohwerke und gewöhnlich auch passende Zifferblätter und Zeiger.

Etwa ab 1910 legte die Firma im Einklang mit dem damaligen Zeitgeist das Schwergewicht auf eine Kollektion von Damen- und Herrenarmbanduhren, deren prächtige Ausgestaltung dem Geschmack ihrer wohlhabenden Klientel entsprach. Ein ins Auge fallendes, um nicht zu sagen extravagantes Beispiel dieser frühen Produktion ist eine kleine, 1911 gefertigte Damenarmbanduhr. Lünette und Bügel waren reich mit Diamanten besetzt; sie hatte Zentralsekunde und Minutenrepetition. Vielleicht noch spektakulärer war eine Damenuhr von 1920 in einem allseits diamantenbesetzten Gehäuse mit einem Durchmesser von nur knapp 18 mm. Die Minutenrepetition wurde durch Druck auf die bei der '6' aufgebrachten Diamanten ausgelöst. Zur Uhr gehörte ein Berloque-Gehäuse, in das man das Werk einlegen konnte, wenn man lieber eine Anhängeruhr tragen wollte.

Wenn solche Uhren heutzutage bei Versteigerungen auftauchen, erzielen sie sagenhafte Preise, aber damals fertigte Audemars Piguet auch Qualitätsuhren in einfacheren Ausführungen, doch stets mit erstklassigen Werken, wie wir den

Royal Oak mit Selbstaufzug, Wochentags-, Datums- und Mondphasenanzeige.

Katalogen und Anzeigen jener Zeit entnehmen können. Natürlich gab es auch 'Raffinessen' wie die digitale springende Stundenanzeige oder Komplikationen wie Kalendarien, Chronographen und Schlagwerke. Herrenarmbanduhren waren gewöhnlich quadratisch, rechteckig oder tonnenförmig ('tonneau') und trugen auf weißen Zifferblättern gut lesbare arabische Zahlen.

Großen Anklang fanden auch Sportuhren für Damen, die im Gegensatz zu den Schmuckuhren fürs alltägliche Tragen gedacht waren. Sportuhren im heutigen Sinn waren es freilich nicht, denn sie waren weder wassergeschützt noch stoßsicher oder mit Stoppuhrfunktionen ausgestattet, auch wenn sie zweifellos von Damen beim Autofahren und Golfen getragen wurden. In schmalen Gehäusen im Art-Deco-Stil waren sie ganz ohne Frage sehr feminin und ungemein schick. Die Gehäuse und manchmal zum Teil auch die Zifferblätter waren mit Emaildekor in leuchtenden Farben geschmückt. Dazu gab es passende flotte Armbänder aus Velours- oder Eidechsenleder. Wie die einfachen, aber eleganten Herrenarmbanduhren jener Zeit sind diese Damenuhren auch heute noch gut tragbar, besonders im Zuge der Nostalgiewelle; wegen ihrer hochwertigen, zuverlässigen Werke sind sie in unserer Zeit sehr gesucht.

Nachdem Audemars und Piguet sich zusammengetan hatten, führten sie die – um die Jahrhundertwende revolutionäre – Praxis ein, die Teilefertigung, die Remontage und Reglage aller ihrer Uhren von Anfang bis Ende zu kontrollieren. Massenproduktion ist bis zum heutigen Tag für Audemars Piguet ein Fremdwort. Meister ihres Fachs sind bei jeder einzelnen Uhr am Werk und arbeiten nach strengsten Qualitätsnormen, und es kann ein halbes, ja sogar ein volles Jahr dauern, bis eine solche Uhr fertiggestellt ist. So ist jede Uhr praktisch ein Unikat, auch wenn sie zu einer Modellserie gehört und äußerlich von anderen Uhren dieser Serie nicht zu unterscheiden ist.

Diese klassische goldene Armbanduhr (18 Kt) von Audemars Piguet wurde im Oktober 1988 bei Christie's in London versteigert.

Den weltweiten hervorragenden Ruf verdankt Audemars Piguet nicht nur der erstklassigen Qualität ihrer Uhren, sondern mehr noch den bahnbrechenden technischen Neuerungen, die die Firma von ihren Anfängen bis in unsere Zeit hinein entwickelt hat; in dieser Hinsicht überragt sie alle Konkurrenten. Die 1915 erstmals auf den Markt gebrachte Grande Complication besteht aus rund 400 Einzelteilen, wird noch heute gefertigt und ist eine der teuersten Taschenuhren der Welt, die nicht auf Einzelbestellung hergestellt wird. 1925 baute Audemars Piguet die mit nur 1,32 mm Höhe flachste Taschenuhr der Welt, 1934 folgte die skelettierte Taschenuhr und 1946 die flachste Armbanduhr der Welt (1.64 mm).

Diese Entwicklung ging in den siebziger und achtziger Jahren weiter, und so entstanden die 'Klassiker' der aktuellen Produktion, die man ebenfalls als Pionierleistungen bezeichnen kann. Zu diesen zählt in mehr als einer Hinsicht die Royal Oak, die erste aus Edelstahl gefertigte Armbanduhr der Luxusklasse. Nach zweijähriger Entwicklungszeit konnten Techniker und Stilisten 1972 der Öffentlichkeit diese elegante Sportuhr vorstellen, die zu einem ungemein beliebten 'Klassiker' geworden ist. Stahl, das am schwersten zu bearbeitende aller Metalle, wurde mit 18karätigem Gold kombiniert. Unverwechselbar ist die – fast wie ein Schiffsbullauge wirkende – achteckige Lünette mit ihren sichtbaren Schrauben, die als integrierter Bestandteil die Sportlichkeit der Uhr unterstreichen. Die Uhr war sofort ein 'Renner', und das Design wurde weltweit kopiert, freilich niemals erreicht, wie Audemars Piguet betont.

Heute gibt es die Royal Oak in Stahl, Stahl mit Gold kombiniert, Gold oder Gold mit Edelsteinen. So ist die Lünette der Royal-Oak-Abenduhr mit 32

Goldene Uhr von Audemars Piguet mit drei Hilfszifferblättern und Mondphasenanzeige auf dem brillantweißen Zifferblatt und integriertem Kettenarmband – ein sehr kostspieliges Stück.

Diamanten besetzt, und noch prächtiger ist die Royal-Oak-Schmuckuhr mit 237 Diamanten und 11 Rubinen auf dem Zifferblatt und 454 Diamanten auf Gehäuse und Armband - selten, wenn überhaupt je, hat es eine so ins Auge fallende Sportuhr gegeben! Und selten auch hat man solchen Edelsteinglanz je unter Wasser gesehen, denn alle Modelle der Royal-Oak-Kollektion sind bis zu einer Tiefe von 50 m wassergeschützt. Der Erfolg dieser Uhr spornte Audemars Piguet zur weiteren Vervollkommnung an. 1983 kam die Royal Oak mit Datums-, Wochentags- und Mondphasenindikation auf den Markt, und ein Jahr später folgte die Royal Oak mit ewigem Kalender.

Seit dem ausgehenden 19. Jahrhundert auf Uhren mit Komplikationen spezialisiert, hat Audemars Piguet zahlreiche Uhren mit ewigem Kalender entwickelt, darunter viele Taschenuhren mit Handaufzug. 1978 wurde eine automatische Armbanduhr mit einem komplexen Kalendermechanismus auf den Markt gebracht, der so ausgeklügelt ist, daß bis zum Jahr 2100 keinerlei Korrektur erforderlich ist. Die zeitlose Schönheit dieser ungemein eleganten Uhr hat zu zahllosen Nachahmungen angeregt, die allesamt das auffälligste Element, die in leuchtenden Farben gehaltene Mondphasenzeige, übernommen haben. Das Platin-Modell mit 271 Diamanten in Pavé-Fassung auf dem Zifferblatt und 40 Diamanten und acht Saphiren auf der Lünette ist für rund 75 000 DM im Handel. Etwas 'schlichter' ist die goldene Perpetual Calendar mit 80 kleinen Diamanten auf der Lünette und einem Armband aus Gelbgold (18 Kt) und Perlmutt. Ganz ohne Edelsteinbesatz ist das dritte der Modelle dieser Serie, die Platin-Uhr mit skelettiertem Automatikwerk, die ausgesprochen 'maskulin' wirkt.

Rechts: Skelettierte diamantenbesetzte Golduhr von Audemars Piguet. Uhren dieser Kollektion kosten über 60 000 DM.

Bahnbrechend war Audemars Piguet auch durch die Entwicklung der automatischen Armbanduhr mit Tourbillon-Regulator. Dieser Regulator war schon 1795 von dem genialen Meister-Uhrmacher Abraham-Louis Breguet erfunden worden und garantierte höchste Ganggenauigkeit des Uhrwerks. Hierbei ist die Unruh auf einen kleinen, karussellartig im Uhrwerk umlaufenden Drehtisch ('Käfig') montiert, der in einer Minute eine volle Drehung vollführt.

Nach langer Entwicklungsarbeit gelang es Audemars Piguet, den teuren und sehr schwierig herzustellenden Tourbillon-Regulator in eine ultraflache automatische Armbanduhr einzubauen. Sonnenstrahlen, die an den ägyptischen Sonnengott Amûn-Rê erinnern, laufen fächerförmig über das Zifferblatt. Von dem 1986 erstmals präsentierten Modell haben bislang nur wenige numerierte und vorausbestellte Exemplare die Fertigungsstätte in Le Brassus verlassen, so daß diese Uhr schon heute einen hohen Sammlerwert hat.

Bei aller Pracht dieser aus Edelmetallen gefertigten und mit Edelsteinen bestückten Uhren sollte man niemals vergessen, daß Uhren von Audemars Piguet erstklassige Präzisionsinstrumente sind. Im Gegensatz zu vielen Konkurrenten ist die Firma streng darauf bedacht, ein zahlenmäßig begrenztes, exklusives Uhrenprogramm für Kenner auf den Markt zu bringen und keinerlei Kompromisse zu machen. Entschieden vertritt man die Meinung, daß nicht Menge, sondern Qualität den Erfolg gewährleistet.

BAUME & MERCIER

Ihren Anfang nahm die Geschichte von Baume & Mercier im frühen 19. Jahrhundert, als sich die Familie Baume im Berner Jura der Uhrmacherei zuwandte. Fast hundert Jahre vergingen, bis ein Mitglied der Familie den renommierten Genfer Bijoutier Paul Mercier kennenlernte. Dies geschah 1918, und die beiden Männer beschlossen, sich zusammenzutun und in Genf eine gemeinsame Firma zu gründen. Für die Herstellung von Uhren ergänzten sie sich ausgezeichnet: Baume war in der Lage, Präzisionsuhrwerke herzustellen, und der gelernte Goldschmied Mercier konnte geschmackvolle Gehäuse und Zifferblätter entwerfen. Bald zählten sie zu den angesehensten Uhrenproduzenten der Schweiz, und schon 1921 wurde ihnen in Anerkennung der hervorragenden Qualität ihrer Uhren der begehrte Poinçon de Genève verliehen. Ihre Uhren aus dieser Zeit sind heute sehr gesuchte und entsprechend teure Sammlerstücke.

Rechts: Damenarmbanduhr mit Selbstaufzug, Tigeraugen-Zifferblatt mit Datumsanzeige und aufgesetzten Stabteilungen, Gold (18 Kt), Baume & Mercier.

Auch in den folgenden drei Jahrzehnten stellte Baume & Mercier erstklassige Uhren her, doch in den sechziger Jahren war der einst weltweite Markt auf Italien und ein paar Händler in den Vereinigten Staaten geschrumpft. Immerhin hatten sie das Glück, durch ihren italienischen Generalimporteur, der auch für Piaget tätig war, mit dieser inzwischen wieder auf die Beine gekommenen Firma in Kontakt gebracht zu werden, und 1964 erwarb Piaget die Mehrheitsbeteiligung an Baume & Mercier, die im Firmenverbund weitgehende Selbständigkeit wahren und das eigene Image ausbauen konnten. 1989 verdankte Piaget etwa 40 Prozent des Umsatzes Baume & Mercier, und wieder wird die ganze Welt beliefert: 20 % der Produktion gehen in die USA, 60 % nach Italien, Frankreich und der Schweiz, der Rest in den Fernen Osten, vor allem nach Japan.

Das neue Image von Baume & Mercier stützt sich auf zwei Säulen: auf klassische Uhren und auf Sportuhren. Die Produktion ist in der mittleren Preisklasse angesiedelt, aber so angelegt, daß mit einem notfalls rasch auf neue Trends einstellbaren Programm von rund 600 Modellen alle Erfordernisse des Marktes abgedeckt werden können. Dennoch unterwirft sich die Firma keinem Modediktat, was sie bei der zeitlosen Eleganz ihrer Produkte auch gar nicht nötig hat.

Im Gegensatz zu Piaget stellt Baume & Mercier die Uhren nicht vollständig im eigenen Haus her, sondern arbeitet mit Zulieferern zusammen, doch Remontage und Reglage erfolgen in der eigenen Manufaktur, in der etwa 50 Menschen tätig sind. Bei einer Jahresproduktion von rund 100 000 Uhren sind industrielle Verfahren unerläßlich. Da die Firmenleitung rasch die Möglichkeiten der Quarzuhren erkannte, stellte man in den siebziger Jahren von mechanischen Werken auf Quarzkaliber um, die heute praktisch ausschließlich eingebaut werden.

Eines der erfolgreichsten Modelle ist die 1980 erstmals vorgestellte Riviera, eine Sportuhr par excellence in Gold und Stahl mit unverwechselbarer zwölfeckiger Lünette und einem aufs wesentliche reduzierten Zifferblatt. Um Stabilität und Ganggenauigkeit zu testen, wurde die Uhr beim 24-Stunden-Rennen von Le Mans am Rad eines BMW M1 befestigt, wo sie während des ganzen Rennens blieb. Unbeschadet überstand sie nicht nur die enorme Hitze der Bremsen und den raschen Wechsel der Beschleunigungs- und Bremskräfte, sondern auch die schweren Regenfälle, die an diesem Tag niedergingen.

Genau auf eine spezifische Klientel abgestimmt ist die Medicus, eine Armbanduhr für Ärzte. Sehr sachlich gestylt, hat sie Datumsindikation und Pulsometerfunktion. Die Avant Garde, wiederum eine Sportuhr, hat – vielleicht beabsichtigte – Ähnlichkeiten mit Piagets immens erfolgreicher Polo; sie ist bis in große Tiefen wassergeschützt und noch robuster als die Riviera. Armband und Gehäuse sind aus Widiastahl und Gold gestaltet. In Goldplaqué als Damen- und Herrenuhr lieferbar ist die Linea mit funktionell wirkendem Gehäuse, das an die vierziger und fünfziger Jahre erinnert; im bewußten Gegensatz dazu steht das elegante Gliederarmband – ein Beispiel für die nostalgischen Anklänge, die in den späten achtziger Jahren in Mode waren.

BERTOLUCCI

Unten und rechte Seite: Armbanduhren aus der Pulchra-Kollektion von Bertolucci, Gold, polierter Edelstahl oder beides kombiniert. Geschmackvoll wie die Uhren ist auch das Display auf den vom Wasser gerundeten Kieselsteinen.

Der in der sonnigen Toskana geborene Remo Bertolucci wuchs in Pisa auf und erhielt eine Ausbildung als Elektrotechniker. Mit 14 Jahren lernte er während seiner Skiferien in Grindelwald ein hübsches Mädchen namens Pierrette Michelotti kennen, dessen Vater 1939 eine kleine, 1911 von Robert Chopard gegründete Uhrenmanufaktur in Evilard bei Biel erworben hatte. Bertolucci heiratete später seine Pierrette, nahm die Schweizer Staatsangehörigkeit an, und bald wurde ihm die Leitung des Familienunternehmens übergeben. Heute trägt die Firma seinen Namen, hat rund 35 Beschäftigte und produziert ein kleines, aber anspruchsvolles Programm mit 'klassischen' automatischen und Quarzwerkuhren. Charakteristisch für seine Pulchra-Kollektion ist die Art und Weise, in der die Armbänder ins Gehäuse integriert sind. Als Materialien dienen Gold (18 Kt), Spezialstahl oder Gold und Stahl im Verbund. Spitzenmodell dieser Kollektion ist eine Damenuhr aus 18karätigem Gold, bei der Uhr und Armband mit 1105 Diamanten in Pavé-Fassung besetzt sind.

TACHYMETRE
DIM 14

BLANCPAIN

Dieses Haus hat die längste und vielleicht interessanteste Geschichte aller bedeutenden Uhrenproduzenten. Noch existieren Uhren mit den Initialien I.B. und der Jahreszahl 1735 auf dem Zifferblatt, die den Beginn dieser Geschichte markieren. Ausgestorben ist die Familie Blancpain mit Jules-Emile (1832-1928) und dessen Sohn Frédéric-Emile (1863-1932), doch der traditionsreiche Name wurde für die Firma beibehalten.

Die Harwood-Uhr aus der aktuellen Fortis-Produktion erinnert an einen Pionier der Automatikuhr. Diese Uhr hat keine Aufzugskrone, die Zeiger können mit Hilfe der Drehlünette gestellt werden.

Jules-Emile und Frédéric-Emile verdanken wir viele Neuerungen; so verbesserten sie die Anker- und Zylinderwerke für Kleinuhren. Sie führten das nur 3 $^{3}/_{4}$ Linien messende Baguettewerk ein, das den Bau sehr schmaler Armbanduhren ermöglichte. Sie selbst freilich wandten sich erst sehr spät der Armbanduhrenproduktion zu, erwiesen sich dann allerdings als Pioniere. So schufen sie 1926 den ersten Prototyp einer Armbanduhr mit automatischem Aufzug nach dem System, das John Harwood, ein genialer englischer Uhrmacher, soeben erfunden hatte. 1929 produzierte Blancpain diese Automatikuhr in größeren Stückzahlen für den französischen Markt. Uhren mit Selbstaufzug fanden sehr viel Anklang, und so fertigte die Firma ab 1930 die nach dem von dem Pariser Uhrmacher Léon Hattot entwickelten 'Rüttelprinzip' funktionierende Rolls, bei der das auf Kugellagern im Gehäuse bewegliche Uhrwerk die Aufzugskraft für die Feder liefert.

Rechts: Automatische Kalenderuhr von Blancpain, Gold und Stahl. Lünette und Krone in Gold, aufgesetzte goldene römische Teilungen, Datumsring, Fenster für Wochentags- und Monatsanzeige, Mondphasenanzeige bei der '6'.

Zu dieser Zeit war die Firma bereits fast ausschließlich auf Armbanduhren spezialisiert. Nachdem mit dem Tod von Frédéric-Emile 1932 die Familie Blancpain ausgestorben war, übernahm die tüchtige Madame Fichter die Leitung der in 'Rayville SA' umbenannten Firma, die sie fast vierzig Jahre lang behielt. Weiterhin wurden Automatikuhren nach dem Rotorprinzip von Harwood und dem Rüttelprinzip von Hattot produziert, Uhren, die je nach Erhaltungszustand heute bei Sammlern gefragt sind. Erst nach dem Zweiten Weltkrieg folgte die nächste aufsehenerregende Neuentwicklung, die Air Command (1951), ein Armbandchronometer mit 30-Minuten-Zähler im Stahlgehäuse und abnehmbarem Glas (für Sammler von Interesse ist, daß nur etwa 1000 Exemplare in den Handel kamen). Erster großer Nachkriegserfolg war die Fifty Fathoms (1953), deren erstklassige Qualität und Wasserdichte bis zu Tiefen von 200 m Jacques Cousteau und sein Team bestätigten, die solche Uhren während der Unterwasseraufnahmen für den Film 'Die Welt der Stille' (1956) trugen. Um die gleiche Zeit wurde eine interessante Damenarmbanduhr, die Lady Bird, der Öffentlichkeit vorgestellt, in die das kleinste Automatikwerk (5 Linien = 11.85 mm) der Welt eingebaut war. Nach 1959 wurden nur noch Armbanduhren produziert.

In den siebziger Jahren ging es mit den Schweizer Uhrenproduzenten steil bergab, nachdem die Quarzuhren-Invasion aus Fernost eingesetzt hatte, die die Schweiz völlig unvorbereitet traf. Viele der traditionsreichen Firmen verschwanden, andere schlossen sich zu großen, wirtschaftlich stabileren Gruppen zusammen, während wieder andere schlichtweg aufgekauft wurden. Zu diesen gehörte Rayville. Erworben wurde die Firma von der SSIH (heute SMH) vor allem, weil man sich das jahrhundertealte Know-how der kleinen Manufaktur sichern wollte. Ab dieser Zeit tauchten die Namen Rayville und Blancpain nicht mehr auf Zifferblättern auf; die traditionsreiche Firma wurde zwar nicht liquidiert, aber zumindest auf Eis gelegt.

WED
NOV

Dann trat eine glückliche Wendung ein. Zu den von der SSIH 'geschluckten' Firmen gehörte auch Omega, und nach einigen Jahren begann sich der Omega-Chef, Jean-Claude Biver, für die Geschichte und die früheren Leistungen der alten, inaktivierten Schwesterfirma zu interessieren. Schließlich erwarb er sie auf eigene Rechnung. Am 9. Januar 1983 wurde Blancpain wieder ein eigenständiges Unternehmen. Biver war zuvor Verkaufsleiter bei Audemars Piguet gewesen und lud nun seinen Freund Jacques Piguet ein, sich an der neuen Firma zu beteiligen.

1984 brachte Blancpain eine originelle 8 $^3/_4$-Linien-Damenarmbanduhr mit vollständigem Kalendarium auf den Markt, die Datum, Wochentag, Monat und Mondphase anzeigt. Ein Jahr später wurde die erste Armbanduhr mit ewigem Kalender (Gold und Stahl) vorgestellt. Diese Neuheiten waren Schöpfungen der von Jean-Claude Biver entwickelten Produktions- und Marketing-Strategie. In diesem Zusammenhang seien noch einmal die sechs epochemachenden Meisterleistungen der Armbanduhrenfertigung genannt: Chronometer, Minutenrepetition, Kalendarium mit Mondphase, ewiger Kalender, Tourbillon-Regulator und ultraflacher Chronograph. Blancpain produziert heute alle sechs Sparten und arbeitet darauf hin, sie alle eines Tages in einem einzigen Gehäuse zu kombinieren – dies wäre sicherlich eine der meisterlichsten und begehrenswertesten Armbanduhren aller Zeiten.

Wie eine 'klassische' Armbanduhr aussieht, veranschaulicht die von Blancpain gefertigte Uhr mit Minutenrepetition, von der jährlich nur etwa zehn Stück die Manufaktur in Villeret verlassen. Das ultraflache Automatikwerk mit Zentralrotor aus 22karätigem Gold ist nur 3,2 mm hoch und mißt 21 mm im Durchmesser; in dem aus über 300 Einzelteilen (manche sind haarfein) bestehenden Werk sind mehr als 30 Steine untergebracht, und doch wiegt das ganze Werk noch keine drei Gramm. Auf Wunsch gibt die Uhr akustisch Stunden, Viertelstunden und Minuten an, ohne die Ganggenauigkeit des Zeigerwerks zu beeinträchtigen. Ausgelöst wird die Mechanik durch einen bei der '9' in den Gehäuserand eingelassenen Schieber, der sich nach oben drücken läßt. Diese Uhr reiht sich würdig in die lange und große Tradition des Hauses Blancpain ein.

Oben:
Elegante Herrenarmbanduhr mit Minutenrepetition von Blancpain. Von diesen Uhren kommen alljährlich nur wenige auf den Markt.

Unten:
Automatikuhr mit ewigem Kalender und Mondphasenanzeige von Blancpain, Stahlgehäuse.

AUDEMARS PIGUET
AUTOMATIC

BREGUET

Automatic in 18 Kt Gold von Audemars Piguet, eine Uhr von klassischer Schlichtheit mit weißem Emailzifferblatt und kontrastierendem schwarzem Lederarmband.

In der Geschichte der Uhrmacherei hat der Name Abraham-Louis Breguet (1747-1823) einen ganz besonderen Klang. Dieser in der Schweiz geborene Meister seines Fachs hat die Technik der Zeitmessung so entscheidend geprägt, daß ihm in einer der turbulentesten Phasen der europäischen Geschichte Gunst und Schutz der bedeutendsten und mächtigsten Männer seiner Zeit sicher waren. So kam es, daß er nicht nur die Herrscher und den Adel des ancien régime mit Uhren belieferte, sondern den gleichen Dienst auch den Potentaten des neuen revolutionären Frankreichs erweisen konnte; bei der Schlacht bei Waterloo (1815) konsultierten sowohl Napoleon als auch Wellington Breguet-Uhren. Eine Breguet-Uhr begleitete Alexander von Humboldt in die Neue Welt, und auch die Lieblingsuhren der russischen Zaren stammten von Breguet. Seine meisterlichen Schöpfungen waren so berühmt, daß sie sogar in der Literatur verewigt wurden. Dumas' Graf von Monte Cristo trug eine solche Uhr, und das gleiche tat Phileas Fogg, der unerschrockene und sehr zeitbewußte Held in Jules Verne's 'In achtzig Tagen um die Welt'.

Breguet wurde zwar in der Schweiz geboren, doch seine Vorfahren waren französische Hugenotten, die nach Widerrufung der Religionsfreiheit aus Paris in die Schweiz geflohen waren. Nach dem Tod seines Vaters (1758) heiratete seine Mutter Joseph Tattet aus Verriers, der in Neuchâtel und Paris blühende Uhrenmanufakturen betrieb und rasch die technische Begabung seines Stiefsohns erkannte. Mit 15 Jahren wurde Abraham-Louis nach Versailles geschickt, um dort die Uhrmacherei zu erlernen. Durch eine Reihe glücklicher Umstände wurde Ludwig XV. auf ihn aufmerksam - eine günstige Voraussetzung für eine berufliche Laufbahn in einer Zeit, in der königliche Förderung fast einer Erfolgsgarantie gleichkam.

Breguets mit großer Sorgfalt geführte Geschäftsbücher sind uns erhalten geblieben. Ab 1787 ist darin jede Breguet-Uhr mit dem Namen des jeweiligen Meister-Uhrmachers, den Gestehungskosten, dem Verkaufsdatum und dem Namen des Kunden verzeichnet. Auf den ersten Seiten taucht häufig der Name der französischen Königin auf. Wir können dort nachlesen, daß sie mit der Verschwendungssucht, die ihr schließlich zum Verhängnis werden sollte, ihre Uhren gleich im halben Dutzend kaufte - eine Mode, die bald von ihrem Hofstaat übernommen wurde.

Breguet hat die erste Taschenuhr mit automatischem Aufzug geschaffen, die er 'Perpetuelle' nannte. Zwar wurde die Technik des Selbstaufzugs vermutlich schon 1765 erfunden und erfolglos ausprobiert, aber erst Breguet hat sie so weiterentwickelt, daß sie schließlich funktionierte. Auf den Gedanken, die Bewegungen des Trägers zum Aufzug einer Taschenuhrfeder zu nutzen, war Abraham-Louis Perrelet gekommen; sein 'Rotorprinzip' war grundsätzlich richtig (es wird heute bei fast allen Automatikuhren angewandt), doch die von ihm entwickelten technischen Lösungen waren unzureichend. Breguet griff Perrelets Gedanken auf, benutzte aber als Schwungmasse nicht einen Rotor, sondern ein an einem Hebelarm befestigtes auf- und abschwingendes Gewicht aus Platin (Pedometer), dessen Schwingungsenergie über einen Rädermechanismus auf die Welle des Federhauses übertragen wurde und die Feder spannte.

Die älteste erhaltene Breguet-Uhr mit automatischem Aufzug stammt vom Oktober 1783, doch gibt es Hinweise darauf, daß eine solche Uhr schon ein

Diese Breguet-Armbanduhr aus Gelbgold (18 Kt) wurde am 28. Oktober 1988 bei Christie's in London versteigert. Die Uhr trägt die Nummer 347, das vergoldete polierte Werk die Nummer 521. Das wunderschöne integrierte Breguet-Kettenband (18 Kt Gold) hat sicherlich zum Schätzpreis von $3000-$4500 beigetragen.

Jahr früher von Marie Antoinette für 4000 Francs erworben wurde. Charakteristisch für diese Uhren war eine Gangreserveanzeige mit fächerförmigem Zeiger über einer von 0 bis 60 markierten Skala, an der sich ablesen ließ, für wie viele Stunden die Federkraft noch ausreichte. Nicht minder typisch waren die von Breguet eingeführten 'Mondzeiger', Stabzeiger mit Ringen unterhalb der Spitzen, die als 'Breguet-Zeiger' in die Uhrengeschichte eingingen und, später vielfach nachgeahmt, bei Breguet-Uhren noch heute verwendet werden.

Um seine eigenen Experimente finanzieren zu können, importierte Breguet aus der Schweiz fertige Uhren und Rohwerke, aus denen er nach hohen technischen und künstlerischen Maßstäben in seiner Manufaktur Uhren bauen ließ. Diese von ihm vertriebenen Uhren waren natürlich nicht ganz so qualitätvoll wie die Meisterwerke, die er eigenhändig nach Bestellung für seine reiche Klientel fertigte.

In größeren Stückzahlen wurde die Perpetuelle ab 1786 gebaut, und um die notwendige Betriebserweiterung finanzieren zu können, suchte Breguet einen Teilhaber, den er für sechs Jahre in Xavier Gide fand. Die Partnerschaft sicherte ihm eine solide finanzielle Grundlage, und nun konnte er seinem Erfindungsreichtum freien Lauf lassen. In einige Perpetuelles aus dieser Zeit baute er eine neue Erfindung ein, den parachute pour le balancier, eine Stoßsicherung des empfindlichen Uhrwerks durch Edelsteinbesatz der Wellenlager.

Viele der von Breguet gefertigten Taschenuhren waren mit einem Repetiermechanismus versehen, der auf Knopfdruck akustisch die Stunden, Viertelstunden und halbe Viertelstunden meldete. Es gab auch noch kompliziertere Modelle, die mittels eines raffinierten mechanischen Systems mit verschiedenen Klangkörpern Zehn- oder Fünfminutenintervalle und sogar Minuten registrierten. Von hochkomplizierten technischen Problemen der Uhrmacherkunst war Breguet offensichtlich fasziniert.

1793 sah sich Breguet als führender Pariser Uhrmacher wachsender Gefährdung ausgesetzt. Die Mehrzahl seiner adligen Kunden und Freunde war entweder vor der Schreckensherrschaft der Revolution geflohen oder hatte wie Marie Antoinette unter der Guillotine den Tod gefunden. Deshalb setzte sich Breguet im August dieses Jahres in die Schweiz ab, wo er für fast zwei Jahre Zuflucht suchte. Im Exil erfand er die *montre à tact*, die Uhr mit ewigem Kalender, die *souscription* oder Ein-Zeiger-Uhr, die *pendule sympathique* (Kompensationspendel) und vor allem den Tourbillon-Regulator, die im Werk auf einem Drehtisch umlaufende Unruh. Patentiert wurde der Regulator im Jahr 1801, aber selbstverständlich hatte Breguet viele Jahre lang an dieser Erfindung gearbeitet. Im Schweizer Exil ging er auch dazu über, seine Uhren durch eine Geheimmarke zu kennzeichnen. Er benutzte dazu einen Pantographen, den sein Freund, der Medailleur Jean-Pierre Droz, entwickelt hatte. Die Kennzeichnung, bestehend aus Breguets Namen, der Bezeichnung des Uhrentyps (z.B. Souscription) und der individuellen Fertigungsnummer, ist so winzig, daß man sie nur mit Hilfe einer Lupe lesen kann.

Lange wollte man auf den Meister in Frankreich allerdings nicht verzichten, denn man brauchte ihn, um die Versailler Uhrenmanufaktur neu zu organisieren und für Heer und Marine Uhren und Meßinstrumente zu produzieren. Haus und Werkstatt wurden ihm zurückgegeben, und so konnte er seine Arbeit ungehindert fortführen und kunstvolle Uhren liefern, die unter seiner Anleitung von Meister-Uhrmachern gefertigt wurden (an einer Repetieruhr wurde bis zu zwölf Monaten, an einer Perpetuelle bis zu zwei Jahren gearbeitet). Zwischen 1794 und 1823 wurden rund viertausend Breguet-Uhren ausgeliefert.

Als Breguets Meisterwerk kann man wohl die berühmte Reiseuhr bezeichnen, die als 'Marie Antoinette' bekannt geworden ist. 1793 von einem Offizier der glücklosen Königin in Auftrag gegeben, lautete die Anweisung, die Uhr ungeachtet von Kosten und Zeitaufwand mit allen nur erdenklichen Komplikationen auszustatten. Statt aus Messing sollte das Werk ebenso wie das Gehäuse aus Gold gefertigt und Rückwand und Seitenwände verglast werden, so daß man das Uhrwerk sehen konnte. Eingebaut wurden ein Selbstaufzugmechanismus mit Gangreserveanzeige, Zeitgleichung, ewiger Kalender mit Datums-, Wochentags-, Monats- und Jahresindikation, ein Thermometer und ein Repetierwerk für Stunden, Viertelstunden und Minuten. Fertig wurde dieses Wunder der Uhrmacherkunst des 18. Jahrhunderts freilich erst 1820 mit einem Gesamtkostenaufwand von 16 484 Francs, und der Meister beschloß, es selbst zu behalten. Leider ist es seit einem Einbruch ins Jerusalemer L.A. Mayer Memorial Institute verschollen.

Im Design weisen die heute von Breguet hergestellten Armbanduhren Anklänge an die Taschenuhren aus der großen Vergangenheit der Firma auf. Nach wie vor werden Metallzifferblätter von Hand gefertigt, geschliffen oder guillochiert. Die eleganten Zifferblätter sind ebenso unverwechselbar wie die zeitlosen Gehäuse der goldenen Uhren. Bei manchen Modellen sind Lünette, Bügel und Armband mit Edelsteinen besetzt, aber stets sehr verhalten und mit viel Geschmack. Meisterleistungen der Bijouteriekunst sind die mit Diamanten und Rubinen besetzten Werke der skelettierten Armbanduhren.

BREITLING
NAVITIMER

BREITLING

Eine Manufaktur zur Herstellung von Taschenuhren und Chronographen gründete Léon Breitling 1884 in La Chaux-de-Fonds. Sein Sohn Gaston nahm 1914 die Armbanduhrenproduktion auf, um die wachsende Nachfrage des Militärs nach diesen 'kriegstauglichen' Uhren zu befriedigen. Zu seinen ersten Modellen gehörte ein Armbanduhrenchronograph mit Leuchtzifferblatt. 1936 brachte Willy Breitling, Léons Enkel, einen Chronometer als Cockpituhr für Flugzeuge auf den Markt, und seither liefert die Firma Präzisionsuhren an Kunden wie Boeing, Douglas und Lockheed.

Aus dieser engen Zusammenarbeit ging als logische Produktionsausweitung 1952 der berühmte Navitimer hervor, ein speziell für Piloten entwickelter Superchronograph, mit dessen Hilfe sich Flugpläne ausarbeiten und überwachen sowie Fluggeschwindigkeit und Treibstoffverbrauch kontrollieren lassen. Diese stabile mechanische Uhr ist bei Sammlern sehr beliebt, begehrter noch als die von Breitling 1983 eingeführte GMT mit Quarzwerk und verschiedenen Gehäuseformen.

Bei Überschallflügen dabei war der Navitimer erstmals 1962. Eine Version dieser Uhr mit Quarzwerk und 24-Stunden-Anzeige wurde unter dem Namen Cosmonaute angeboten und von dem Astronauten Scott Carpenter bei seinem Weltraumabenteuer getragen. Für Menschen, die weniger aufregende Flüge bevorzugen, für Weltreisende und für Leute mit internationalen Geschäftsverbindungen entwickelte Breitling 1970 die GMT, einen Chronographen mit zwei Stundenzeigern, einem auf dem 12-Stunden-Hauptzifferblatt und einem zweiten auf dem 24-Stunden-Hilfszifferblatt. Ein Jahr später wurde Breitling auch dem anspruchsvollsten weltweit operierenden Manager gerecht: Auf der Unitime kann man auf einer Drehlünette die Zeit in praktisch allen Ländern der Erde ablesen.

Aber Uhren von Breitling sind auch ungemein strapazierfähig. So vermag die Deep Sea noch in 1000 m Tiefe dem Wasserdruck standzuhalten. Auf einem drehbaren Glasrandtimer lassen sich verschiedene Tauchzeiten einstellen. In jeder Tauchtiefe ist das Zifferblatt gut ablesbar; der Minutenzeiger ist viel breiter als der Stundenzeiger, da sich Tauchzeiten nur nach Minuten bemessen. Wer tief taucht, hat oft Angst, daß die Uhrenbatterie nicht ausreicht; ein

Linke Seite: Die Navitimer von Breitling ist in verschiedenen Ausführungen seit 1952 auf dem Markt. Sie hat Stoppuhrfunktionen für Stunden, Minuten und Sekunden und Datumsanzeige, aber auch eine Drehlünetten-Rechenscheibe, die beispielsweise Piloten rasche Berechnungen (von Treibstoffverbrauch, Fluggeschwindigkeit usw.) erlaubt. Die Uhr gibt es mit 12- oder 24-Stunden-Anzeige.

Links: Zifferblattausschnitt der Old Navitimer.

BREITLING
NAVITIMER

Linke Seite: Titanium Aerospace von Breitling mit Analog- und Digitalanzeige und vielfachen Funktionen. Die farbig beschichteten Zifferblätter schützen das Werk vor UV-Strahlung.

Links: Die World von Breitling hat vier Zeitzonenindikationen mit eigenem Quarzwerk und läßt sich auch als Sonnenkompaß verwenden.

Nachlassen der Batterieleistung wird bei der Deep Sea dadurch angezeigt, daß der Sekundenzeiger in Vier-Sekunden-Intervallen weiterspringt, was nicht nur den Taucher warnt, sondern auch Strom spart. Eine patentierte Besonderheit dieser Uhr ist das in den Gehäuseboden eingelassene Heliumventil. Das im Wasser gelöste Heliumgas kann alles durchdringen, auch ein Uhrengehäuse aus Stahl. Wenn es sich darin sammelt, würde nach einem tiefen Tauchgang die Uhr beim Erreichen der Dekompressionshöhe zerplatzen, wenn nicht das Ventil für einen allmählichen Druckausgleich sorgen würde.

Eine lebensrettende Uhr kann die Breitling Emergency sein. Einen Prototyp stellte Ernest Schneider, der jetzige Firmenchef, 1988 auf der Basler Mustermesse vor, aber da er noch zu viel Batteriestrom verbrauchte, waren Verbesserungen nötig, und so konnte die Emergency erst mit einiger Verzögerung in Produktion gehen. Wichtigstes Element dieser Uhr ist ein eingebauter Minisender mit einer Reichweite zwischen rund fünf und zwanzig Kilometern, der, durch Knopfdruck oder Ausziehen einer kleinen Antenne in Betrieb gesetzt, etwa 20 – 28 Tage lang in jeder Sekunde zwei unmodulierte Signale absetzt, und das nicht nur bei Temperaturen zwischen -20°C und +100°C, sondern sogar unter Wasser.

CARTIER

Oben:
Am 24. Juli 1986 bei Sotheby's in London versteigerte Cartier-Armbanduhren. Rechts ein ungewöhnliches Modell mit Drehgehäuse in Gold (18 Kt), das £2530 erzielte.

Rechts:
Seltene rechteckige Acht-Tages-Armbanduhr (18 Kt Gold) von Cartier, die trotz schlechtem Erhaltungszustand (bestoßen, Minutenzeiger fehlt) bei der von Christie's in London am 3. März 1989 abgehaltenen Versteigerung rund 90 000 DM erzielte.

Im Jahr 1888 brachte Cartier diamantenbesetzte goldene Damenarmbanduhren auf den Markt. Dies waren vermutlich die ersten Schmuckuhren, die nicht auf Einzelbestellung, sondern für den allgemeinen Verkauf gefertigt wurden. Aber offensichtlich fanden sie nur wenig Anklang; weitere Uhren dieser Art, die in geringen Stückzahlen 1892 und noch einmal 1894 angeboten wurden, konnten nur sehr zögerlich abgesetzt werden. Doch um die gleiche Zeit setzte eine Entwicklung ein, die der Armbanduhr neue Möglichkeiten erschloß. Zuerst begann sich das Militär für den neuen Uhrentyp zu interessieren, und schon 1880 belieferte Girard-Perregaux die kaiserliche Kriegsmarine mit robusten Armbanduhren. In Deutschland wurden 1902 bereits 93 000 Armbanduhren verkauft. Dann gab es auch in der Mode einen neuen Trend, der der Armbanduhr dienlich war: Für die festliche Abendtoilette waren lange Ärmel oder langschäftige Handschuhe nicht mehr obligatorisch, man durfte 'Arm zeigen', und dieser Arm mußte selbstverständlich geschmückt werden. Als moderner Armschmuck war die Armbanduhr vorzüglich geeignet, und so ging Cartier dazu über, kostbare Armbänder mit Kleinuhren zu kombinieren. Die frühen Cartier-Uhren sind überreich mit Edelsteinen besetzt, sorgfältig durchgestylt, ausgesprochen feminin – und sündhaft teuer.

Aber weit darüber hinaus waren die Jahre um die Jahrhundertwende eine Zeit des Aufbruchs, die viele grundlegende Veränderungen brachte. 1896 wurden die ersten Olympischen Spiele der Neuzeit abgehalten, und gleichzeitig setzte eine neue Breitensportbewegung ein. Auf einem immer größeren und verbesserten Straßennetz rollten die ersten Kraftfahrzeuge, mit allen tech-

Unten:
Kleine mechanische Tonneau (18 Kt Gold) von Cartier.

Cartier

CARTIER

nischen Raffinessen ausgestattete riesige Transatlantikdampfer wurden gebaut, die Zahl der Kanäle, Dämme, Tunnels und Brücken wuchs rasch an, und erste 'Flugmaschinen' erhoben sich in die Lüfte. Daß eine neue Zeit angebrochen war, demonstrierte in der Mitte der turbulenten ersten Dekade unseres Jahrhunderts am Himmel von Paris ein Ballonfahrer und Flugpionier aus Übersee, ein Mann namens Alberto Santos-Dumont (1873-1932). Dieser unerschrockene, wohlhabende Brasilianer hatte einen einfallsreichen und nicht minder wohlhabenden Freund namens Louis-François Cartier. Aus dieser Freundschaft sollte eine Uhr hervorgehen, die zu den Pionierleistungen in der Geschichte der Armbanduhr zählt.

Von Santos-Dumont stammte der Vorschlag, eine Uhr zu bauen, die man sowohl an einer Kette als auch am Handgelenk tragen konnte. Cartier griff die Anregung auf, und 1904 brachte er die erste Santos-Dumont in beiden

Links außen:
Armbanduhr von Cartier, Weißgold (18 Kt), Nr. 16948, Werk von European Watch & Clock Co.

Links innen:
Tank-Uhr der dreißiger Jahre von Cartier mit Cabochon-Aufzug.

Links:
Kleine Tortue von Cartier, Gold (18 Kt), Quarzwerk, dichtgeflochtenes Goldarmband.

Ausführungen auf den Markt; es gab eine Vielzahl von Modellen, die teils reich mit Diamanten besetzt waren. 1910 erfand Cartier die Faltschließe für das Armband. 1911 ging die Santos-Armbanduhr in den allgemeinen Verkauf und wird seitdem von der Firma angeboten. Es ist eine Uhr von klassischer Schlichtheit der Form mit quadratischer, von acht Schrauben gehaltener Lünette mit abgerundeten Ecken. Damit begannen die goldenen Jahre der mechanischen Armbanduhr, die erst durch das Aufkommen der Quarzuhr nach dem Zweiten Weltkrieg ihr Ende finden sollten.

1912 entwickelte Cartier zwei weitere wegweisende Modelle, die ovale Baignoire (franz. 'Badewanne') mit gewölbter Lünette, deren Form an die Badewannen jeder Zeit erinnert, und die Tortue ('Schildkröte'), benannt nach dem schildkrötenförmigen Uhrgehäuse. Bereits 1906 hatte die Firma die Tonneau auf den Markt gebracht, eine ovale Uhr mit abgeflachten Enden, deren Form an ein Faß gemahnt. Alle diese Uhren sind noch heute in kaum veränderter Gestalt im Handel. Das gilt auch für die berühmteste aller Cartier-Uhren, die Tank, deren Form 1917, mitten im Ersten Weltkrieg, nach dem Vorbild der neu aufkommenden Panzerkampfwagen entwickelt wurde. Angeboten wird diese Uhr, deren Gehäuse von anderen Produzenten vielfach kopiert wurde, seit 1919.

Die nächste aufsehenerregende Cartier-Uhr war im Jahr 1932 die Pasha, die erste wassergeschützte Luxus-Armbanduhr (als preisgünstiges wasserge-

CARTIER

Links:
Santos von Cartier, Selbstaufzug, 18 Kt Gold.

Rechts:
Ein Modell der aktuellen Panthère-Kollektion von Cartier, wassergeschützt, Quarzwerk, 18 Kt Gold, Armbänder wahlweise in Gold oder Gold und Stahl kombiniert.

schütztes Modell war damals bereits die Rolex Oyster auf dem Markt). Sie war ursprünglich für den Pascha von Marrakesch bestimmt, der auch im Schwimmbecken eine Uhr tragen wollte. Ein Jahr später folgte die Vendôme, benannt nach der Pariser Place Vendôme, auf der Cartier (angeblich in Gesellschaft von Ernest Hemingway) beim Anblick des Pferdegeschirrs der dort stehenden Kutscher die Idee für eine neue Uhrenform gekommen sein soll. Eine ähnliche Neuheit des Hauses war die in ihrer Form an einen Steigbügel gemahnende Calandre mit Doppelanschlägen auf der einen und einfachem Armbandanschlag auf der anderen Seite.

Cartier führt über alle verkauften Uhren Buch, was bedeutet, daß Herkunft und Echtheit jeder Cartier-Uhr überprüft werden können. Die Werke für diese Uhren stammen von renommierten Firmen und sind entsprechend gekennzeichnet. Zu den Zulieferern gehört auch die New Yorker European Watch and Clock Co., die obendrein von 1919 bis Mitte der fünfziger Jahre als Cartier-Generalimporteur für Amerika tätig war; die Buchstaben EWC sind in die Werke dieser Firma eingeschlagen. Einen guten Überblick mit ausführlichen Detailinformationen geben die Armbanduhrenkataloge von Cartier und Must de Cartier. Wir können sicher sein, daß auch in Zukunft wegweisende und in jeder Hinsicht außergewöhnliche Uhren von Cartier zu erwarten sind.

CHOPARD

Der volle Name dieser renommierten Firma lautet ' Petit-Fils de L.U. Chopard & Cie SA', aber die Familie Scheufele, in deren Besitz sie jetzt ist, darf sich durchaus als Erbe des Firmengründers fühlen. Louis-Ulysse Chopard entstammte seinerseits einer angesehenen Uhrmacherfamilie. 1860 machte er sich in dem Jura-Dorf Sonvillier selbständig und belieferte zunächst die Schweizer Eisenbahn mit Taschenuhren. Die Geschäfte gingen gut, die Firma vergrößerte sich und übersiedelte 1920 nach Genf.

Der Enkel des Firmengründers, Paul-André Chopard, hatte keine Erben, die seine Nachfolge antreten wollten, und so beschloß er 1963, die Firma an Karl Scheufele sr. zu verkaufen. Die Familie Scheufele stammte aus dem süddeutschen Pforzheim, wo sie schon seit einer Generation in der Schmuck- und Uhrenherstellung tätig war. In Pforzheim wie im ganzen Schwarzwaldgebiet hatte die Uhrmacherei eine lange Tradition. Zur Zeit des Verkaufs hatte Chopard 12 Angestellte, doch bald konnte deren Zahl vergrößert werden, und 1968, im Todesjahr von Paul-André Chopard, wurde der Firmensitz nach Servette im Nordwesten von Genf verlagert. Ein weiterer Umzug erfolgte 1972, diesmal in neue Produktionsstätten bei Meyrin.

Eine typische Chopard-Armbanduhr ist die Happy Diamonds, bei der zwischen Lünette und Zifferblatt sieben goldgefaßte Diamanten bei jeder Armbewegung frei in einer Bahn um den Mittelkreis rollen können. Dieses

*Rechts:
Die schlichteste Armbanduhr aus der aktuellen Produktion von Chopard.*

*Rechte Seite:
Zwei Modelle der 1986 vorgestellten Gstaad-Kollektion von Chopard. Es gibt eine Vielfalt von Ausführungen in Gold oder Stahl, teils mit Diamantenbesatz.*

Chopard
GENEVE
Chopard
GENEVE

Chopard
GENÈVE
SWISS MADE

patentierte Design wurde 1976 von Roland Kurowski geschaffen und wird heute für eine reichhaltige Uhrenkollektion benutzt, zu der es auch passende Manschettenknöpfe, Broschen, Anhänger, Ringe und Ohrschmuck gibt. Die originellen Schmuckuhren sind vor allem bei den Damen beliebt, die offenbar an den leise am Handgelenk klappernden Diamanten Spaß finden. Die teuerste Uhr dieser Kollektion, die Solitaire, kostet über 300 000 DM.

Links:
Die berühmte Chopard-Kollektion Happy Diamonds umfaßt Uhren und Schmuck. Eingeschlossen sind sieben Diamanten, gilt doch die Sieben als Glückszahl.

Oben:
Entwurf von David Penney für eine neue Chopard-Armbanduhr (1988).

In den achtziger Jahren hat Chopard eine Reihe von neuen Kollektionen vorgestellt, die allesamt bezeugen, mit welchem Einfallsreichtum sich die Firma auf die Erfordernisse verschiedener Märkte einzustellen vermag. Wie viele Uhrenproduzenten in diesem Jahrzehnt war Chopard darauf bedacht, Kollektionen mit bestimmten Sportereignissen und deren Austragungsorten zu identifizieren. So wurde 1980 die St. Moritz herausgebracht, die erste Sportuhr, deren Lünette mit vier unverwechselbaren Schraubenkopfpaaren besetzt ist. 1986 folgte die Gstaad-Kollektion und 1988 die gelungene Mille Miglia, mit der Chopard auf die Wiederaufnahme des weltberühmten, von 1927 bis 1957 abgehaltenen Tourenwagenrennens reagierte. 1987 starteten nach dreißigjähriger Unterbrechung wieder 292 Wagen, darunter einige der besten je gebauten Sportfahrzeuge, zu dem Tausend-Meilen-Wettbewerb, der von Brescia nach Rom und zurück führt. Selbstverständlich ist die Mille Miglia eine ausgesprochene Sportuhr mit Tachymeter, Leuchtzeigern und Leuchtstabmarkierung auf übersichtlichem weißem Zifferblatt in bis 30 m Tiefe wassergeschütztem Gehäuse aus 18karätigem Gold oder Spezialstahl und entspiegeltem, stoßsicherem und kratzfestem Saphirglas.

Die Mille Miglia von Chopard erinnert an das berühmte Tourenwagenrennen, das von 1927 bis 1957 alljährlich veranstaltet wurde. 1987 wurde das Rennen mit verändertem Modus wieder aufgenommen; im folgenden Jahr kam diese Uhr auf den Markt. Erhältlich ist sie in Gold, Gold und Stahl kombiniert oder Stahl mit weißem oder schwarzem Zifferblatt; der Tachymeter erlaubt exakte Geschwindigkeitsberechnungen.

CORUM

Für einen Hersteller klassischer Armbanduhren ist 1955 ein erstaunlich spätes Gründungsjahr, aber zweifellos hat sich Corum in den letzten Jahrzehnten mit intelligenten und teils bahnbrechenden Schöpfungen weltweit einen guten Namen gemacht. Zwar fällt bei ihnen zunächst das originelle Design ins Auge, doch sind sie größtenteils auch in technischer Hinsicht Spitzenprodukte, so etwa die 1980 vorgestellte Golden Bridge.

Die zeitlose Eleganz des Firmennamens auf Zifferblatt oder Lünette wurde durch altrömische, in Marmor gehauene Inschriften inspiriert, das Markenzeichen (ein doppelbärtiger hochgestellter Schlüssel) wurde von René Bannwart als 'Schlüssel zur präzisen Zeitmessung' entworfen. Bannwart und seine Kusine Simone Ries gründeten die Firma zusammen mit Simones Vater Gaston, der seit 1924 in La Chaux-de-Fonds eine kleine Uhrenmanufaktur betrieben hatte. Dort ist auch bis heute die Firma Corum Ries, Bannwart & Co als Familienbetrieb ansässig. Jede einzelne Uhr der zahlenmäßig geringen Produktion wird von Hand montiert und feingestellt und mit individueller Fertigungsnummer und Zertifikat ausgestattet. Insgesamt sind rund hundert Modelle lieferbar, die von Uhrenliebhabern und Sammlern, die auf einen zuverlässigen 'Stammbaum' Wert legen, sehr geschätzt werden.

Von eleganter Schlichtheit, aber dabei ganz und gar unverwechselbar ist die Chinese Hat von 1960 mit einem an einen Chinesenhut erinnernden Dekor auf der goldenen Lünette. Ungewöhnlich ist auch die Longchamp (1957) mit einer punzierten Scheibe als Zifferblatt, in das die goldene Lünette eingepaßt ist, und

Die originelle Peary von Corum mit einem Zifferblatt aus Schliffen des von dem amerikanischen Forschungsreisenden R.E. Peary (1856-1920) in Grönland entdeckten Meteoriten; keine zwei Zifferblätter sind identisch. Auf der letzten seiner sechs Expeditionen erreichte Peary als erster Mensch 1909 den Nordpol.

Admiral's Cup
CORUM

Oben:
Die Coin Watch von Corum wird aus einer echten amerikanischen 20-Dollar-Goldmünze gefertigt; das superflache Automatikwerk wird zwischen die Schauseiten des aufgeschnittenen Doppel-Eagles montiert.

Linke Seite:
Die – natürlich wassergeschützte – Admiral's Cup von Corum mit farbig emaillierter Signalflaggen-Teilung, sicherlich ein zukünftiger Klassiker.

integrierter Aufzugskrone. Wegweisend waren die unterhalb des Gehäuses montierten Bügel, die bewirken, daß die Uhr auf dem Band aufzusitzen scheint. Unterhalb des Gehäuses verläuft das Band auch bei der berühmten Golden Tube (1957), deren Stabwerk in einem liegenden Röhrchen mit oben montierter Krone untergebracht ist; bei manchen Modellen findet sich eine kleine Quaste bei der '3', wo sich üblicherweise die Krone befindet. Ziemlich wuchtig wirkt die schlichte Buckingham (1965) mit ihren auffälligen Stabteilungen durch das eingebaute Automatikwerk, das damals noch recht viel Platz beanspruchte.

Der noch nicht ganz vergessene kalifornische Goldrausch in den vierziger Jahren des vergangenen Jahrhunderts brachte Corum auf die Idee, ein ultraflaches Werk in eine aufgeschnittene Goldmünze zu montieren. Man entschied sich für den Doppeladler, eine 20-Dollar-Goldmünze, die durch Kongreßbeschluß vom 4. März 1849 als offizielles Zahlungsmittel eingeführt worden war, und wählte als Schauseite (Zifferblatt) die Rückseite der berühmten Münze mit dem amerikanischen Wappen, einem Weißkopfadler als Schildhalter, einem Spruchband mit den Worten 'E pluribus unum' und dem Motto 'In God we trust' darüber. Auf diesem Zifferblatt drehen sich schlichte schwarze Stabzeiger, angetrieben durch ein Werk mit Handaufzug, seit 1974 auch mit Automatikaufzug. Frühe Exemplare dieser 1965 vorgestellten Münzuhr sind heute bei Sammlern sehr gefragt. Der Erfolg dieses Modells ermutigte die Firma zur Entwicklung der Ingot Watch (Goldbarrenuhr), die 1975 mit Handaufzug und ab 1977 mit Quarzwerk ausgeliefert wurde.

Abschließend seien noch zwei weitere Kollektionen mit unverwechselbarem Design erwähnt. Zu einem ausgesprochenen 'Renner' wurde die Admiral's Cup (1982), die, mit offizieller Erlaubnis des Londoner Royal Ocean Racing Club so benannt, auf das berühmte, alle zwei Jahre ausgetragene Hochseerennen vor der Insel Wight anspielt, dessen Sieger mit dem begehrten Admiral's Cup ausgezeichnet wird. Auf dem Zifferblatt im zwölfeckigen Gehäuse sind in Miniatur farbenfrohe internationale Marine-Signalflaggen zu sehen. Daß die Uhr wassergeschützt ist, versteht sich von selbst. Etwas ganz besonderes ist schließlich die Météorite-Kollektion (1987/88) mit Zifferblättern, die aus Schliffen des größten Meteoriten gefertigt sind, der je auf die Erde gestürzt ist. Von dem 34 Tonnen wiegenden, in Grönland entdeckten Cape-York-Meteoriten hat Corum Material für genau 999 Zifferblätter erworben, von denen naturgemäß keine zwei exakt gleich sind.

Oben:
Die goldene (18 Kt) Rolls-Royce von Corum mit der berühmten 'Spirit of Ecstasy'-Kühlerfigur im oberen Bügel. Autouhren sind ein faszinierendes Sammelgebiet.

Links:
Bei Corum gibt es eine exklusive Platin-Kollektion, die seit 1978 weiterentwickelt wird. Auf der Uhr sind die Stundenteilungen in Zierschrift auf Französisch ausgeschrieben.

DUNHILL

Seit Gründung der Firma im Jahr 1907 verfolgte Dunhill mit Geschick und Erfolg die Taktik, an eine gehobene männliche Klientel geschmackvoll gestaltete Luxusartikel zu verkaufen. Sein erstes Geschäft eröffnete Alfred Dunhill in der Londoner St. James' Street, damals wie noch heute das Zentrum des Londoner Clublebens. Uhren tauchten erstmals 1926 in den Auslagen auf; das Feuerzeug Unique mit eingebauter Kleinuhr ist heute ein begehrtes Sammelobjekt. Zwei Jahre später – inzwischen hatte Dunhill in Paris und New York Zweigstellen eröffnet – folgte die originelle Belt Watch, ein Hosengürtel mit einer Uhr in der Gürtelschnalle. Ein leichter Druck auf die Aufzugskrone löste einen Klappmechanismus aus, so daß man mit einem diskreten Blick nach unten die Zeit ablesen konnte. 1929 nahm Dunhill die erste Armbanduhr in sein Sortiment auf. Zwar erinnerte ihr schlichtes rechteckiges Gehäuse noch ein wenig an die Soldatenuhren des Ersten Weltkriegs, doch bei genauerem Hinsehen entdeckte man manches Neue, so die exotischen, im Duktus fast wie moderne Computerzahlen wirkenden schwarzen arabischen Ziffern.

Ihrem heutigen Stil näherten sich die Dunhill-Armbanduhren ab den sechziger Jahren an mit Gehäusen aus 18karätigem Gold und Komplikationen wie Timer, Wecker und Kalendarien. 1975 wurde die charakteristische runde Vermeil vorgestellt mit dem längst vertrauten Firmennamen auf dem goldenen, maschinengedrehten Zifferblatt, großen römischen Zahlen, tiefschwarzen Stabzeigern und Cabochon-Krone. Die abgerundeten einfachen Bandanstöße der Vermeil wurden auch für die 1982 in dreißig Modellen herausgebrachte Millennium-Kollektion übernommen. Lieferbar sind diese Uhren in drei Größen, mit runden oder quadratischen Gehäusen, römischer Ziffern-, Stab- oder Diamantenteilung und mit unterschiedlichen Zifferblättern. Die Millennium ist für weitere Dunhill-Klassiker wegweisend, haben doch ihre Designer eine Reihe interessanter Richtlinien festgelegt: ausschließlich Zentralsekunde mit Stabzeiger, keine arabischen Zahlen für die Stundenmarkierung, Datumsanzeige immer bei der '6' (außer beim Modell DQ 1728), in das Gehäuse integrierte unverwech-

Rechts:
Links und rechts die Millennium von Dunhill als Herren- und Damenarmbanduhr; in der Mitte eine Herrenuhr mit schwarzem Zifferblatt und Diamantenteilungen.

Rechte Seite:
Der Millennium-Chronograph von Dunhill, beidseits saphirverglast, so daß von unten das komplizierte Werk sichtbar ist.

Rechts: Die elegante Millennium von Dunhill.

Links: Eine Auswahl aus der Dress-Watches-Kollektion von Dunhill.

selbare Lünette aus Gold (für die Sportuhren beibehalten), beidseits je ein breiter Bandanstoß, integrierte Kronen und stets kratzfestes Saphirglas.

An diese Regeln hält sich im großen und ganzen auch die 1986 herausgebrachte Elite-Kollektion, doch haben diese eher zierlich wirkenden Uhren Sperrklinkenbügel mit raffinierteren Armbändern, und bei manchen Modellen sind Zifferblatt und Lünette mit Diamanten besetzt. Unter Dunhills gut aufgenommenen Abenduhren ('Dress Watches') verdient das goldene (18 Kt) Herrenmodell DQ 1855 besondere Erwähnung. Der Cabochon auf der Krone ist ein blauer Saphir, das Zifferblatt (in fünf verschiedenen Ausführungen) zieren gut lesbare römische Zahlen, und schwarze Stabzeiger weisen die Zeit. Noch exklusiver ist die Limited Edition Dress Watch mit saphirverglaster Rückseite, die das Automatikwerk sehen läßt. Auf den Rotor (Weißgold, 18 Kt) kann der Kunde seine Initialien eingravieren lassen.

EBEL

Die Geschichte dieser Firma mutet in manchem fast wie ein modernes Märchen an, und als märchenhaft kann man auch den Erfolg des Ebel-Programms im letzten Jahrzehnt bezeichnen. Held der Geschichte ist Pierre-Alain Blum, der Enkel des Firmengründers, dem es gelungen ist, in wenig mehr als zehn Jahren aus einer im Abstieg begriffenen Uhrenmanufaktur ein Unternehmen mit Millionenumsätzen zu machen.

Blum hatte als junger Mann während seiner fünfjährigen Tätigkeit in der New Yorker Uhrenfiliale von Lucian Picard gelernt, wie wichtig Sorgfalt im Detail und aggressives Marketing sind. 1972 kehrte er ins heimatliche La Chaux-de-Fonds zurück, gerade noch rechtzeitig, um seinen Vater davon abzuhalten, die angedrohte Liquidation des 60 Jahre alten Familienbetriebs zu verwirklichen. Er ging mit dem Vater, mit dem er sich nur schlecht verstand, eine Partnerschaft ein, doch zwei Jahre später mußte sich der Vater nach einem schweren Unfall aus der Firmenleitung zurückziehen. Pierre-Alain fand seinen Vater ab und wurde so zum Alleininhaber der Firma mit unbeschränkten Vollmachten.

Unverzüglich krempelte er alles radikal um, räumte mit dem altväterlich-behäbigen Management auf und führte marktorientierte, originelle Werbestrategien ein. 1977 stellte er die erste Ebel-Uhr der Öffentlichkeit vor. Die von Edy Schoepfer geschaffene Sportuhrenkollektion hatte schon alles, was seither das Image von Ebel prägt – es waren Uhren für moderne Menschen, die Zuverlässigkeit und fortschrittlichste Technik verlangen, aber auch auf geschmackvolles Design und augenfälligen Luxus nicht verzichten wollen.

1985 brachte Ebel die Beluga-Kollektion auf den Markt, eine ausgesprochene Designeruhr aus 18karätigem Gold für eine sehr exklusive Kundschaft; zwei der Modelle zeigen starke Anklänge an Modelle mit Teilkalendarium und ewigem Kalender aus der Ebel-Sportuhren-Kollektion.

Durch geschicktes Sponsoring festigte Blum den Ruf seiner Produkte als zuverlässige und strapazierfähige Sportuhren – damals ein Novum für die Uhrenindustrie. Ebel-Uhren trugen zum Ruhme der Firma der Formel-1-Fahrer Nikki Lauda, die Military-Olympiasiegerin Virginia Leng und der Tennis-Crack Stefan Edberg.

Wie bei der Beluga-Kollektion sind bei den Sportuhren Bänder, Bänderverschlüsse, Zifferblätter und Lünetten in verschiedensten Ausführungen erhältlich; je nach Modell werden für Damen und Herren zwei bis vier Größen angeboten. Das Basismodell der Serie hat ein zweiteiliges Gehäuse aus Edelstahl und eine mit fünf kleinen Schrauben befestigte Lünette, wobei die versenkte Krone gleichsam das 'Gegengewicht' zur Schraube bei der '9' bildet. Schwarze römische Zahlen markieren das weiße Zifferblatt, das wahlweise mit einem Datumsfenster oder mit Hilfszifferblättern bestückt ist. Der geschwungenen Gehäuseform entsprechen die gekurveten Elemente des elastischen Gliederarmbands, dessen Wellenform ein Ebel-Markenzeichen ist; jedes der von Hand zusammengefügten Armbänder besteht aus mehr als 190 Einzelteilen. Wer auf Luxus Wert legt, kann sich für Diamantenbesatz auf Gehäuse und Zifferblatt entscheiden. Gehäuse und Armband gibt es nicht nur aus Edelstahl, sondern auch aus 18karätigem Gold oder aus Gold und Stahl kombiniert, und schließlich werden auch Varianten mit Lederarmbändern angeboten.

Oben:
Die goldene 1911 von Ebel mit integriertem Armband.

Rechte Seite:
Ein Ebel-Chronograph mit drei Hilfsanzeigen, Gold und Stahl, auf der Lünette die charakteristischen Schrauben.

EBEL

Alle Modelle der Beluga- und Sportkollektion sind wassergeschützt bis zu einer Tiefe von 30 m (die Sports Discovery bis zu einer Tiefe von 50 m oder in Spezialausführung bis zu 200 m). Sie sind sämtliche sehr widerstandsfähig und werden nach der Fertigstellung harten Belastungstests unterworfen, die eine volle Woche dauern. Die strenge Qualitätskontrolle ist ein Charakteristikum der Firma, die über eigene Fertigungsbetriebe für Werke, Gehäuse, Armbänder und die Endmontage verfügt.

Der Ebel-Chronograph mit Automatikwerk, 18 Kt Gold.

Der Ebel-Chronograph mit ewigem Kalender.

Die Discovery wurde eigens für Taucher entwickelt.Die Modelle mit Quarzwerk zeigen selbsttätig an, wenn die Batterie zu Ende geht: In diesem Fall springt der Sekundenzeiger in Vier-Sekunden-Intervallen, anstatt gleichmäßig umzulaufen. Sekundenzeiger und Strichmarkierungen tragen Leuchtfarbe, um die Ablesbarkeit auch in völliger Finsternis zu gewährleisten. Die farblich auf das Zifferblatt abgestimmte Drehlünette ermöglicht es, im voraus Tauchzeiten präzis zu speichern.

Neben den beiden erwähnten Kollektionen könnte auch der Ebel-Chronograph mit ewigem Kalender zu einem interessanten Sammelobjekt werden. Der Stoppuhrmechanismus erlaubt es, Zeiten von Stunden bis zu Zehntelsekunden zu nehmen, aber darüber hinaus lassen sich auf der Uhr auch Wochentag, Datum, Monat und Mondphase ablesen, nicht zu vergessen die Schaltjahranzeige; das Werk hat eine Gangreserve von 48 Stunden. Eine Weiterentwicklung dieses komplexen Zeitmeßinstruments ist die vor kurzem auf den Markt gebrachte Voyager. An einer Ausweitung seines Programms ist Pierre-Alain Blum nicht interessiert, da er seine Exklusivität wahren möchte. Er betont, daß er sich zwar der modernsten technischen Möglichkeiten bedient, es aber immer noch Arbeitsgänge gibt, bei denen Handarbeit die besten Resultate zeitigt.

1986 feierten die selbsternannten Architekten der Zeit (der Ebel-Slogan lautet weltweit 'Les Architectes du Temps') das 75. Firmenjubiläum mit der Vorstellung der 1911, einer Weiterentwicklung der 'Sports' mit dreiteiligem Gehäuse und stark gewölbtem Saphirglas. Obwohl inzwischen weltweit bekannt, hat die Firma ihren Sitz immer noch an ihrem Ursprungsort, in La Chaux-de-Fonds im Kernland der Schweizer Uhrenindustrie. Wie weit es die kleine Manufaktur von Eugène Blum inzwischen gebracht hat, wird daran deutlich, daß sein Enkel die von Le Corbusier entworfene Villa La Turque erworben, renoviert und 1977 zum neuen Sitz der Werbe- und Vertriebsabteilung gemacht hat, ein sichtbares Zeugnis für den märchenhaften Aufstieg von Pierre-Alain Blum.

Rechts: Wassergeschützte Sportuhr von Ebel mit ultraflachem Gehäuse.

GEORG JENSEN

Seit 1904 steht der Name Georg Jensen für originelles und wegweisendes skandinavisches Silber-Design. Vor rund zwanzig Jahren betrat dann die heute im Besitz der Royal Copenhagen of Denmark befindliche Firma Neuland: Heute ist Georg Jensen insofern einmalig, als es der einzige Schmuckhersteller der Welt mit einem eigenen Armbanduhrenprogramm ist; alle Uhren sind mit Schweizer ETA-Quarzkalibern ausgestattet.

Der Mann, dem die Firma ihren Namen verdankt, Georg Jensen (1866-1935), war ein Künstler und begnadeter Silberschmied, der Arbeiten von zeitlos klassischer Schönheit geschaffen hat. In den Jahren vor dem Ersten Weltkrieg hatte er als einer der führenden Vertreter des Jugendstils internationales Ansehen gewonnen. Man rühmte sein sensibles Formgefühl, und seine Art der Oberflächenbehandlung prägte seinen Schöpfungen einen unverwechselbaren Stempel auf. Zu dem von ihm gestalteten Material hatte er eine starke innere Beziehung, wie seine hinterlassenen Schriften bezeugen.

Der Meister der Form war allerdings schon lange tot, als 1968 mit großem Erfolg die erste Jensen-Armbanduhr auf den Markt gebracht wurde. Damit reagierte die Firma auf das wachsende Drängen ihrer Kundschaft, die zum exklusiven Jensen-Silberschmuck ein darauf abgestimmtes Uhrenprogramm wünschte. Die von Vivianna Torun Bülow-Hübe, der ersten Silberschmiedin Schwedens, gestaltete Nr. 326 machte als Musterbeispiel zeitlos-klassischer Formgebung rasch Furore. Die in einer Querleiste endende, harmonisch geschwungene, von Hand geformte offene Armspange aus Edelstahl ist fest ins Uhrgehäuse integriert. Die Krone ist der besseren Handhabung halber schräg eingesetzt, das spiegelgleiche Zifferblatt trägt keinerlei Teilungen. Lieferbar ist die Uhr in vier Armspangengrößen (extra klein, klein, mittel und groß), um jedem Handgelenkumfang gerecht zu werden. Später gab es noch ein mattschwarzes Modell mit goldenen Zeigern oder lackglänzenden schwarzen

Links:
Diese Jensen-Uhr wurde von dem Bildhauer Henning Koppel gestaltet. Sie ist mit Stahl- oder Goldgehäuse lieferbar.

Oben:
Die berühmte Armspangen-Mysterieuse von Georg Jensen wurde von Vivianna Torun Bülow-Hübe entworfen.

Rechte Seite:
Diese Uhr ist in ihrer eleganten Schlichtheit für das Programm von Georg Jensen typisch.

Zeigern mit goldener Zapfenscheibe. Zu den Käufern dieser Uhr gehörten Leute wie Picasso, Ingrid Bergman, Duke Ellington und Brigitte Bardot; 1975 widerfuhr der inzwischen weltweit bekannten Torun Bülow-Hübe die Genugtuung, daß ihre Schöpfung in die ständige Ausstellung des Museums im norwegischen Bergen aufgenommen wurde, und neun Jahre später kam sie auch als Beispiel moderner Formgebung in die ständige Ausstellung des New Yorker Museum of Modern Art.

Jensen-Armbanduhren werden vorwiegend aus Edelstahl gefertigt, einem besonders für die zahlreichen in Handarbeit hergestellten Teile sehr schwer zu verarbeitenden Material, das jedoch mit dem technischen Können und der Sorgfalt gehandhabt wird, die für Jensen-Silberschmuck charakteristisch sind.

Einen weiteren Jensen-Klassiker in Edelstahl, die Uhr Nr. 321, gestaltete der Bildhauer Henning Koppel 1977. Das Design wurde nicht nur 1980 von der Dänischen Staatsstiftung aufgekauft, sondern fand wie die Nr. 326 einen Platz

GEORG JENSEN

Rechts: Eleganz ohne überflüssiges Beiwerk kennzeichnet die Uhren von Georg Jensen. Diese Modelle gestalteten Torsten Thorup und Claus Bonderup.

in der ständigen Ausstellung des Museum of Modern Art in New York. Koppel brach mit der etablierten Tradition, die Teilungen auf dem Zifferblatt durch Zahlen zu markieren; er verwandte dafür schwarze Punktmarkierungen, zu denen hervorragend die schlichten schwarzen Stabzeiger passen. Für Kunden mit konservativerem Geschmack gibt es freilich eine numerierte Sonderauflage des Modells mit römischen Zahlen. Von großer Einfachheit sind auch die Lünette aus Edelstahl und das Armband aus schwarzem Leder. 1989 wurde eine Version dieses Modells aus 18karätigem Gold vorgestellt, die viermal soviel kostet wie die Edelstahlausführung. Mit Saphirglasabdeckung und strukturiertem braunem Lederband ist diese Uhr in den herkömmlichen zwei Größen erhältlich.

Ebenfalls zum Klassiker moderner Formgebung wurde die 1985 auf den Markt gebrachte Nr. 347, die wir den beiden Architekten Torsten Thorup und Claus Bonderup verdanken. Das flache Gehäuse ist wie das geflochtene Armband aus Edelstahl gefertigt, der in einem Spezialverfahren mit Diamantenstaub mattiert wird. Reizvoll ist der Kontrast zwischen der runden Lünette und den betont eckigen Bügeln samt der rechteckigen Armbandschließe; der Solidität des Gehäusedesigns stehen das feine Maschenwerk des Armbands, die feinen Punktmarkierungen und die elegant schmalen Stahlzeiger gegenüber.

Keine zwei Jahre später kam ein exklusivere Version der Nr. 347 heraus mit Goldgehäuse (14 Kt), Goldmarkierungen, goldenen Zeigern und strukturiertem braunem Lederarmband. Ergänzend gab es noch eine Sportversion in Anthrazitgrau, wahlweise mit passendem grauem Armband aus Edelstahl oder Leder.

Ein anderer Architekt, Jørgen Møller, hat das jüngste Jensen-Modell gestaltet, das offensichtlich viel der Nr. 321 verdankt. Neu sind bei der Nr. 351 die Datumsanzeige und die gleitende Zentralsekunde. Der Datumsindikation auf der linken Seite des Zifferblatts ist rechts der Firmenname gegenübergestellt, wo er auch bei Uhren dieses Modells bleibt, die keine Datumsanzeige haben. Lieferbar ist die 351 in zwei Größen, in poliertem oder mattiertem schwarzem Edelstahlgehäuse und mit jeweils kontrastierenden Zifferblättern und Punktmarkierungen.

GERALD GENTA

Gérald Genta ist eine der exotischsten Gestalten unter den Uhrenproduzenten unserer Zeit, doch Einfallsreichtum und Können haben ihm weltweit hohes Ansehen verschafft. Jedenfalls ist er ein höchst bemerkenswerter Mann und ein Meister seines Fachs. Seine Firma liefert im Jahr nur rund fünftausend Uhren aus, die sich großer Beliebtheit erfreuen, wie die hohen Preise beweisen, die sie bei ihrem – seltenen – Auftauchen bei Auktionen erzielen.

Gentas originelle Uhren sind anschauliche Beispiele dafür, welch enge traditionellen Beziehungen zwischen Bijouterie und Uhrmacherei bestehen. Er selbst erhielt zunächst vier Jahre lang bei einem Genfer Uhrmacher eine Ausbildung als Goldschmied, arbeitete dann in einer Werbeagentur und in der Haute Couture und wandte schließlich seine Aufmerksamkeit jenem modischen Accessoire zu, das ein eigenes Innenleben hat – der Armbanduhr.

In den folgenden zwanzig Jahren gestaltete Gérald Genta Armbanduhren für die meisten großen Firmen, die in diesem Buch genannt sind; ihm verdanken wir Uhren wie die Bulgari und die Royal Oak (Audemars Piguet), die Nautilus (Patek Philippe) und die Titiane (Omega). 1972 beschloß er, eine eigene Firma zu gründen. Er erwarb Fertigungsstätten in Genf (für Gehäuse, Zifferblätter und Armbandverschlüsse) und Le Brassus (für Uhrwerke), ließ die Gebäude pinkfarben anstreichen und stellte ein Team von erstklassigen Fachleuten zusammen. Ein Genfer Meister-Cabinotier machte sich an die Arbeit, und bald konnte er Meisterwerke der Uhrmacherkunst auf den Markt bringen.

Genta-Armbanduhren sind mit mechanischen, automatischen oder Quarzwerken ausgestattet, die je nach technischen Erfordernissen oder wirtschaftlichen Erwägungen ausgewählt werden. So wird seine Mondphasenuhr mit ewigem Kalender in allen drei Versionen mit jeweils anderen Gehäusen und Zifferblättern geliefert. Charakteristisch für einen Teil seines Programms sind die achteckigen, an den Seiten leicht gebogten Lünetten, die besonders gut auf den asiatischen Märkten ankommen, weil diese Form dort als glücksbringend gilt, aber auch in der übrigen Welt finden sie Anklang. Von klassischer Formenreinheit ist ein Modell mit dieser Lünette in Gold und Stahl, Automatikaufzug, einfachem weißem Zifferblatt, Stabmarkierungen, Stabzeigern und Datumsanzeige bei der '3'. Eine weitere Automatikuhr hat ein rundes Gehäuse aus Gold, schwarze römische Zahlen auf dem Zifferblatt, goldene Stabzeiger (mit Zentralsekunde) und Datumsanzeige bei der '6'; sie ist auch mit guillochiertem Zifferblatt lieferbar. Freunde skelettierter Uhren wissen vermutlich, daß es eine elegante Genta-Skelettuhr mit schwarzen Stabzeigern und Kroko-Armband gibt und daß Gérald Genta vor Jahren eine berühmte skelettierte Armbanduhr für Van Cleef & Arpels geschaffen hat. In ihrem Nostalgie-Programm führt die Firma auch eine Grande-Sonnerie-Taschenuhr, die ausnehmend schön und mit vielerlei Komplikationen ausgestattet ist, ferner Uhren mit Minutenrepetition; zum Kinderprogramm gehören einige entzückende, aber nicht eben billige Modelle mit Mickey Mouse und Minnie Mouse.

Gérald Genta ist der einzige bedeutende Uhrenhersteller unserer Tage, der nicht nur seine Firma leitet, sondern auch alle seine Uhren selbst entwirft. Seine Schöpfungen sind von großer Originalität. Wenn die so sammelfreudige Herzogin von Windsor noch am Leben wäre, würde sie sicherlich von den Tieruhren der Menagerie-Kollektion begeistert sein.

GIRARD-PERREGAUX

Ein Platz in der Geschichte der Uhrenfertigung ist dieser Firma sicher, war doch sie es, die 1880 die erste in Serienproduktion hergestellte Armbanduhr ausgeliefert hat. Beliefert wurde die kaiserliche Kriegsmarine, die ihre Offiziere mit solchen Uhren ausstatten wollte. Es war eine robuste Uhr mit einem Metallgitter zum Schutz des Zifferblatts, nicht eben schön, aber ungemein praktisch und vor allem neu. Wenn man wegweisende Uhren zu den Klassikern rechnet, dann gehört diese erste Militäruhr in jede Sammlung.

Seit je erfreuen sich ultraflache Armbanduhren großer Beliebtheit. Kenner der Uhrengeschichte wissen, daß es kein anderer als der Gründer der Firma Girard-Perregaux (1791) war, J.-F. Bautte, der in größerer Stückzahl erste Kleinuhren mit ultra-oder extraflachen Werken hergestellt hat. Überhaupt hatte die Firma schon immer ein Gespür für erfolgverheißende Neuerungen. Bald nach 1850 entwickelte die Uhrenmanufaktur, die 1856 den Namen Girard-Perregaux erhalten sollte, eine ganz außergewöhnliche Taschenuhr, die als 'Tourbillon mit den drei goldenen Brücken' berühmt werden sollte. Eingebaut war der von dem in der Schweiz geborenen Meister-Uhrmacher Abraham-Louis Breguet (1747-1823) erfundene Tourbillon-Regulator, und in Paris, wo Breguet gelebt und gearbeitet hatte, wurde die Uhr bei der Weltausstellung von 1855 mit einer Goldmedaille ausgezeichnet. Nach jahrelangen Vorarbeiten und gründlicher Modernisierung des Werks wurde die aufsehenerregende Uhr 1982 in originalgetreuer Nachbildung wieder auf den Markt gebracht.

1966 produzierte die Firma Girard-Perregaux die erste mechanische Schnellschwinger-Uhr (36 000 Unruh-Halbschwingungen pro Stunde) und drei Jahre später die erste in Großserie gefertigte Quarzuhr; die für den Schwingquarz gewählte Frequenz (32 768 Hz) ist heute bei allen Quarzuhren Norm. Zukünftige Klassiker im aktuellen Programm von Girard-Perregaux sind die Uhren der Equation-Kollektion, die 1985 von der zweitältesten Schweizer Uhrenmanu-

Linke Seite: Skelettierte goldene Armbanduhr mit Selbstaufzug, ein wunderschönes Modell von Gérald Genta, dem originellsten Uhren-Designer unserer Zeit.

Links: Moderne Armbanduhren von Girard-Perregaux mit Datumsfenster bei der '12' und zentralem Saphir.

faktur mit nur 80 Angestellten und Sitz in La Chaux-de-Fonds geschaffen wurde. Die mit Quarzwerken ausgestatteten Modelle dieser Kollektion sind allesamt auf dem neuesten Stand der Technik. Integrierte Schaltkreise üben Steuer- und Speicherfunktionen aus. Angezeigt werden je nach Ausführung Datum, Wochentag und Monat, aber auch Jahreszeiten, Schaltjahre, Mondphasen, Tag-und-Nachtgleichen, Solstitien, herrschendes Tierkreiszeichen (so bei der Equation Espace Perpétuelle) und anderes mehr. Alle Funktionen sind mittels der Krone kontrollierbar, die Batterie hat eine Lebensdauer von fünf Jahren, und die Gehäuseböden sind verglast, so daß man das Räderwerk auf den Platinen, alles in hochglänzendem Gold, und die individuelle Fertigungsnummer der Uhrwerke jederzeit betrachten kann.

TOURBILLON MIT DREI GOLDENEN BRÜCKEN

Seit vielen Jahren ist Girard-Perregaux um den Rückkauf alter 'Klassiker' der traditionsreichen Firma bemüht, und so konnte auch in den sechziger Jahren die berühmte 'Tourbillon mit den drei goldenen Brücken' wiedererworben werden, die nach langer Vorbereitungszeit 1982 in originalgetreuer Nachbildung erneut angeboten wurde. Es handelt sich um eine Savonnette (Sprungdeckeluhr, auch Jagduhr genannt) mit weiß emailliertem Zifferblatt mit römischen Zahlen, goldenen Louis-XV-Zeigern und einem Hilfszifferblatt.

Oben:
Die Espace mit ewigem Kalender, ein Modell der Equation-Kollektion von Girard-Perregaux.

Rechts oben:
Links die Equation Focale, rechts die Equation Intégrale, zwei originelle Modelle von Girard-Perregaux.

Rechts unten:
Zwei multifunktionelle Chronographen mit ewigem Kalender, Modelle aus dem umfangreichen Programm von Girard-Perregaux.

Unten:
Zwei Armbanduhren aus der aktuellen Produktion von Girard-Perregaux, links der Automatik-Chronograph GP 7000, der mit unterschiedlichen Zifferblättern und Gehäusen lieferbar ist.

BASE 30 PULSATIONS
Girard-Perregaux
automatic

REVERENT
TRUSTWORTHY
LOYAL
HELPFUL
FRIENDLY
COURTEOUS
KIND
OBEDIENT
CHEERFUL
THRIFTY
BRAVE
CLEAN
BE PREPARED
A SCOUT IS

INGERSOLL

Linke Seite: Zwei Mitte der dreißiger Jahre gefertigte Pfadfinder-Uhren von Ingersoll. Sie gehören zu den ersten unter eigenem Markennamen vertriebenen Armbanduhren. Zifferblätter aus bedrucktem Papier auf Metall.

In Europa denkt man beim Namen Ingersoll meist an zuverlässige, preisgünstige englische Uhren. Manch einer mag überrascht sein, zu hören, daß das Konzept massenproduzierter Qualitätsuhren von der anderen Seite des Atlantiks stammt. Entwickelt wurde es von Robert Ingersoll, dem Sohn eines Farmers aus Michigan, der keinerlei Erfahrung mit der Uhrmacherei hatte.

Ihren Anfang nahm die Geschichte 1880, als der 21jährige Robert und sein jüngerer Bruder nach New York übersiedelten. Wenig später gründeten sie ein Versandhaus, das Massenerzeugnisse zum Einheitspreis von einem Dollar anbot. 1892 wagten sie es, mit einer Taschenuhr für anderthalb Dollar (das entsprach damals einem Tagelohn) über ihr selbstgesetztes Limit hinauszugehen; vergleichbare Uhren kosteten zu jener Zeit 15 Dollar. Ihre Universal-Taschenuhr mit kleinem Werk in einem Gehäuse mit Kronenaufzug auf der Rückseite - eine Erfindung von Robert Ingersoll - war ein Risiko, das aber durch eine breitgestreute Werbekampagne zu einem Erfolg wurde.

Aber mit großem Ehrgeiz arbeitete Robert daran, eine Uhr für einen Dollar auf den Markt zu bringen, und das gelang ihm drei Jahre später mit der Yankee. Ein späterer Werbegag der Firma lautete: 'Ingersoll – die Uhr, die den Dollar berühmt gemacht hat.' Früh schon ging die Firma dazu über, in die Rückdeckel ihrer Uhren Garantieurkunden einzukleben, die einjähriges einwandfreies Funktionieren gewährleisteten. So schuf sie sich den Ruf der Zuverlässigkeit, der zur Ingersoll-Gütemarke werden sollte.

Ihr aufsehenerregender Erfolg in den Vereinigten Staaten ermutigte die New Yorker Firma R.H. Ingersoll & Brother, sich nach neuen Absatzmärkten umzusehen, und im Januar 1905 schifften sich Robert und sein alter Freund und Geschäftspartner Estée S. Daniels nach Großbritannien ein. Bald schon gelang ihnen mit der Yankee und der Crown, die beide fünf Shilling kosteten, ein gewaltiger Einbruch in den englischen Uhrenmarkt; voraus ging eine massive, auf Käufer und Händler gleichermaßen zielende Werbekampagne.

Eine Art Armbanduhr-Vorläufer war die Midget-Damenuhr von 1908, eine zierliche Taschenuhr, die an der Halterung eines mitgelieferten Lederarmbands befestigt werden konnte. Ab 1913 versah man das Uhrgehäuse mit Bandanstößen oder Bügeln und verlegte die Aufzugskrone von der '12' zur '3'. Diese ersten Armbanduhren gingen genau zum richtigen Zeitpunkt in Produktion, denn bald schon konnten sie, mit dem von Robert Ingersoll erfundenen Leuchtzifferblatt ausgestattet, als 'Schützengrabenuhr' an die Heere des Ersten Weltkriegs ausgeliefert werden.

Als der Krieg zu Ende ging, besaß Ingersoll vier Fertigungsbetriebe in den Vereinigten Staaten und war international im Geschäft. Mitte der zwanziger Jahre ging jedoch die Londoner Zweigstelle mehr und mehr dazu über, sich von europäischen Produzenten beliefern zu lassen, und durch den Wall-Street-Börsenkrach des Jahres 1929 riß die Verbindung zur amerikanischen Mutterfirma, die inzwischen zur Waterbury Clock Company gehörte, endgültig ab. 1930 wurde Ingersoll Limited als britische Kapitalgesellschaft ins Leben gerufen, die ihre Eigenständigkeit durch die Inbetriebnahme einer großen eigenen, mit modernsten Produktionsmitteln ausgestatteten Uhrenfabrik im Londoner Stadtteil Clerkenwell unterstrich.

Einen weiteren Erstling brachte Ingersoll 1933 mit der Figurenuhr ('character watch') auf den Markt, doch wurde entgegen einer weitverbreiteten Meinung die Mickey-Mouse-Uhr vor Ingersoll bereits von Disney produziert.

Weitere Uhren mit Comic-Figuren folgten ab 1960 (Dan Dare, Jeff Arnold usw.).

Eine Diversifizierung der Produktion brachte der 1939 ausbrechende Zweite Weltkrieg. Zunächst wurden Militäruhren hergestellt, aber dann daneben und sehr bald ausschließlich kriegswichtige feinmechanische Produkte, vor allem Hochsicherheitsschlösser.

Nach Kriegsende schloß sich Ingersoll auf Anregung von Sir Stafford Cripps, dem damaligen Schatzkanzler, mit Smiths and Vickers zusammen und nahm die Uhrenherstellung wieder auf. Darauf hatte Cripps gedrängt, weil er Großbritannien eine leistungsfähige eigene Uhrenindustrie sichern wollte. 1948 wurde in Ruislip, einem Stadtteil im Nordwesten Londons, ein neues Ingersoll-Werk in Betrieb genommen, und von da an erlebte die englische Firma die erfolgreichsten Jahre ihrer Geschichte.

Im Jahr 1955, genau ein halbes Jahrhundert, nachdem Robert Ingersoll seinen Fuß auf englischen Boden gesetzt hatte, erreichte die Uhren-Jahresproduktion die Millionengrenze. Die meisten Ingersoll-Uhren kosteten weniger als drei Pfund, obwohl man auch – schon seit 1925 – teurere Schmuckuhren ausländischer Produktion anbot. Eine Damenarmbanduhr mit siebensteinigem Werk kostete knapp zwei Pfund, eine Herrenarmbanduhr mit fünf Steinen etwas mehr als die Hälfte. Fünf Jahre später umfaßte das Ingersoll-Programm mehr als hundert Modelle, darunter eine ungemein beliebte Kinder- und Jugenduhren-Kollektion, wasser- und stoßgeschützte Sportuhren und originell gestaltete Sondermodelle.

In den siebziger Jahren überschwemmten billige Quarzuhren den Markt. Ingersoll geriet in Schwierigkeiten, da die Firma bei den erbitterten Preiskämpfen nicht mithalten konnte. Erst als ausgeklügelte Mikroelektronik verfügbar war, trat Ingersoll wieder auf den Plan. Rücksichtsloser Wettbewerb, mangelndes Marketing und das Abreißen der traditionellen Verbindungen zum Bijouterie-

Pfadfinder-Taschenuhr von Ingersoll.

riehandel, über den zuvor ein Großteil der Produktion vertrieben worden war, haben Ingersolls einst starke Position entscheidend geschwächt. Inzwischen wurde die Firma von der Steven Strauss & Co Ltd. übernommen, die eine gründliche Reorganisation in Angriff genommen hat. Zugute kommt ihr dabei der nach wie vor gute Ruf der Ingersoll-Uhren, um den sich Robert Ingersoll und seine Nachfolger so tatkräftig und zielstrebig bemüht haben.

Da Vinci von IWC, Chronograph mit Selbstaufzug, ewigem Kalender und Mondphasenanzeige; mechanisches Werk bis zum Jahr 2499 vorprogrammiert. Die Uhr kostet rund 25 000 DM.

INTERNATIONAL WATCH COMPANY

Dieser schlichte und gleichzeitig anspruchsvolle Firmenname ist einem Amerikaner eingefallen, der glücklicherweise darauf verzichtet hat, der Firma seinen eigenen Namen zu geben, hieß er doch Florentine Ariosto Jones. Die von ihm gegründete Uhrenmanufaktur hatte ihren Sitz im schweizerischen Schaffhausen unweit des berühmten Rheinfalls.

Bis 1867 war F.A. Jones (1841-1916) für die Howard Watch and Clock Company tätig gewesen, die 1857 in Roxbury (heute ein Stadtteil von Boston) im Bundesstaat Massachusetts eine Fertigungsstätte für Uhrwerke in Betrieb genommen hatte. In jenen Jahren nahm die Uhrenfabrikation in den Vereinigten Staaten einen gewaltigen Aufschwung. Der Pionier der industriellen Fertigung war Aaron Lufkin Dennison (1812-1895), der manchmal als 'Vater der amerikanischen Uhrenindustrie' bezeichnet wird. Dennison war 1865 in die Schweiz übersiedelt, im ersten Friedensjahr nach dem die Neue Welt erschütternden Sezessionskrieg – und paradoxerweise unmittelbar vor der Gründung einiger der renommiertesten amerikanischen Uhrenfirmen. Unmittelbar mit A.L. Dennison zu tun hatte die American Watch Co. (1859-1885) in Waltham, Massachusetts, aus der dann die American Waltham Co. (1885-1921) hervorging. Sie brachte Tochter- und Nachfolgefirmen hervor, so die Tremont Watch Co. (1866-1868) in Melrose, Massachusetts, und die National Watch Co. (1864-1874) in Chicago, Illinois, die nach Elgin in Illinois übersiedelte und in

Folgende Doppelseite: Der Fliegerchronograph von IWC war im Krieg sehr begehrt und wurde 1987 wieder auf den Markt gebracht. Das Werk ist durch einen Weicheisenmantel gegen magnetische Störeinflüsse geschützt.

IWC
SCHAFFHAUSEN

IWC
SCHAFFHAUSEN

Elgin National Watch Co. (1874-1954) umbenannt wurde (der Firmenname wird noch heute benutzt). Es war eine Zeit des Aufbruchs und der Neuerungen. Im Jahr 1868 produzierten die drei führenden Firmen (Waltham, Howard und Elgin) mehr als 100 000 Uhren.

Im Januar 1869 beschloß auch F.A. Jones, sich in der Schweiz niederzulassen, um sich dort mit seinem Freund Dennison zusammenzutun. Ihm lag aus Schaffhausen ein günstiges Angebot des Uhrenproduzenten Johann Heinrich Moser (1805-1874) vor, der unmittelbar am Rhein eine mit Wasserkraftmotoren ausgestattete Manufaktur zu verkaufen hatte; die billige Energieversorgung für moderne Produktionsmaschinen war für Jones ein schlagkräftiges Argument, und so erwarb er die Anlage. Sein Plan war es, sich als Zulieferer für die aufblühenden amerikanischen Uhrenfirmen zu betätigen, und diese vorgesehene atlantikübergreifende Zusammenarbeit zwischen Alter und Neuer Welt inspirierte ihn zu dem Namen für seine Firma.

Rechts:
Die Stahl-Ausführung der Da Vinci von IWC.

Schon nach zwei Jahren benötigte F.A. Jones dringend zusätzliches Kapital, und um dieses zu beschaffen, rief er Ende 1873 eine neue Aktiengesellschaft ins Leben, für die er weitere Investoren gewann. Geplant war eine Jahresproduktion von 10 000 Uhren, die der Gesellschaft ausreichende Gewinne sicherte. Aber die europäische Wirtschaft wurde 1873 durch den Wiener Börsen- und Bankenkrach erschüttert, die Amerikaner als einzige vorgesehene Abnehmer bezogen weit weniger Uhren, als Jones in seinem Finanzplan berechnet hatte, und obendrein hatte er die Kosten für die Modernisierung der Fertigungsstätte in Schaffhausen weit unterschätzt. Das Direktorium der Gesellschaft entzog ihm das Vertrauen, und so mußte im Dezember 1875, unmittelbar vor Anbruch des Zeitalters der Armbanduhr, der Konkurs angemeldet werden.

Dennoch waren damit die besonderen Beziehungen zur amerikanischen Uhrenindustrie noch nicht beendet. Um die Firma nicht in ausländische Hände fallen zu lassen, wurde sie von einem Schweizer Bankenkonsortium erworben, das prompt die Leitung wiederum einem Amerikaner übertrug, Frederic Frank Seeland, der für die American Watch Co. in Waltham (Massachusetts) und London tätig gewesen war und im November 1876 die Produktion wieder aufnahm. Im August 1879 verschwand Seeland samt Familie spurlos; eine sofort eingeleitete Überprüfung der Firmenbücher ergab, daß die von Seeland für die beiden Jahre gemeldeten bescheidenen Gewinne überhaupt nicht existierten und er Anlage- und Produktionsvermögen in den Bilanzen viel zu hoch angesetzt hatte. Im November 1879 mußte ein zweites Mal Konkurs angemeldet werden. Damit war die Verbindung der Firma mit der Neuen Welt endgültig gekappt, war der kühne Traum des Florentine Ariosto Jones ausgeträumt.

Das zweite der drei Kapitel der Geschichte der International Watch Company wurde von der Familie Rauschenbach geschrieben, und wieder spielten J.H. Moser und die Wasserkraft des Rheins eine entscheidende Rolle. Moser hatte seine Liegenschaften am Rheinufer in Schaffhausen 1872 an Johannes Rauschenbach-Vogel (1815-1881) verkauft, einen Ingenieur, der sich erfolgreich als Maschinenbauer betätigte. Ihn hatte das Bankenkonsortium nach dem ersten Bankrott der IWC in den Aufsichtsrat der Firma berufen, und beim zweiten Bankrott war er der Hauptgläubiger. Man vereinbarte, daß er die ganze Firma übernehmen sollte, um Dividenden für die übrigen Gläubiger zu erwirtschaften, aber er starb schon ein Jahr später. Sein Sohn und Nachfolger, Johannes Rauschenbach-Schenk (1856-1905), hatte das Unglück, in seinem kurzen Leben immer mehr zu erblinden, und so übertrug er die Verantwortung für die

IWC
Schaffhausen
1986

Rechts:
Die von Porsche entworfene Kompaßuhr mit antimagnetischem Automatikwerk, ein Modell der International Watch Company.

Rechte Seite:
Eine schlichte mechanische Armbanduhr von IWC mit aufgelegten Stabmarkierungen und Punktteilungen und Dolchzeigern.

Firma weitgehend dem hervorragenden Uhrmacher und tüchtigen Geschäftsmann Urs Haenggi, der 1883 in die IWC eintrat und sie bis an sein Lebensende leitete. Seine erste Aufgabe war es, das Unternehmen zu sanieren und es auf einen Weg zu bringen, der dem internationalen Anspruch seines Namens entsprach. Zu diesem Zweck nahm er die weltweit erste Serienproduktion einer Taschenuhr mit Digitalanzeige auf; die Pallweber kam 1884/85 auf den Markt.

In den Fertigungsanlagen wurde die Wasserkraft 1895 durch Elektrizität abgelöst, und gleichzeitig wurde der Maschinenpark durch Haenggi und einen sehr begabten neuen technischen Leiter namens Johann Vogel ständig modernisiert. Um die Jahrhundertwende waren die 12-Linien-Kaliber 63 und 64 in Produktion, so daß die International Watch Company die aufblühende Armbanduhrenindustrie mit zuverlässigen Werken beliefern konnte. Im Ersten Weltkrieg fertigte die Firma Soldatenuhren mit Leuchtzifferblättern.

Letzter privater Eigner der International Watch Company wurde 1955 der älteste Sohn von Rauschenbachs Schwiegersohn, Hans Ernst Homberger (1908-1986). Als Anfang der siebziger Jahre die Quarzuhren-Invasion hereinbrach, hatte sich die Firma mit modernen Designs (einige stammten von Ferdinand Porsche) bereits neuen Märkten zugewandt und verstärkte Exportanstrengungen eingeleitet, aber trotz aller Rationalisierungsmaßnahmen konnte das Unternehmen nicht mehr in Familienbesitz gehalten werden. Es kam an die deutsche VDO Adolf Schindling GmbH, die ein großes Uhrenimperium aufbauen und als weitgehend selbständige Tochtergesellschaft etablieren wollte, aber von diesen Plänen blieb lediglich die Verbindung mit Jaeger-LeCoultre übrig.

1884/85 hatte die IWC mit Lizenz der Salzburger Firma Joseph Pallweber die Produktion der weltweit ersten in Serie gefertigten Taschenuhren mit Digitalanzeige (Stunden oben, Minuten unten) aufgenommen – eine wegweisende Neuerung, die später für Armbanduhren übernommen wurde. Der nächste 'Klassiker' folgte erst sehr viel später, nämlich 1940: der Fliegerchronograph

International Watch Co
SCHAFFHAUSEN
SWISS

mit großem schwarzem Zifferblatt, kräftigen arabischen Leuchtziffern, leuchtendem Stunden- und Minutenzeiger und Zentralsekunde. Eine Weicheisenummantelung schützte das Werk vor magnetischen Störeinflüssen, das superlange Armband ermöglichte auch ein Tragen über dem Ärmel der Fliegerkombination. 1989 brachte die IWC einen neuen Fliegerchronographen auf den Markt, diesmal mit dem kleinsten Chronographenwerk für Analoganzeige und Nullstelldrücker. Wie beim ersten Chronographen ist das Gehäuse aus Edelstahl, aber auf dem Zifferblatt gibt es eine Viertelsekundenindikation, einen 30-Minuten- und einen 12-Stunden-Zähler. Die 233 Teile dieser Uhr werden von Hand zusammengefügt.

Die 1946 vorgestellte Ingenieur-Kollektion zeichnet sich durch ein patentiertes Werk mit automatischem Selbstaufzug durch einen in beiden Drehrichtungen wirkenden hochgelagerten Rotor aus. 1969 kam die für Sammler sehr interessante Da Vinci. Ihr goldenes (18 Kt) Gehäuse birgt das erste Quarzkaliber der Firma, gekennzeichnet durch den kontinuierlich kreisenden zentralen Sekundenzeiger und das leise Summen der als Gangregler dienenden Stimmgabel. Die erste von Ferdinand Porsche, dem berühmten Autokonstrukteur, entworfene Uhr war die Kompaß-Uhr des Jahres 1978 mit Datums- und Mondphasenanzeige und Stabteilungen; in das aufklappbare Gehäuse ist unten ein Magnetkompaß eingebaut. Ein Jahr später wurde der ebenfalls von Porsche geschaffene Titanchronograph vorgestellt, bei dem erstmals Titan für Gehäuse und Armband verarbeitet wurde. Das aktuelle Spitzenmodell ist ein 1986 herausgebrachter Da-Vinci-Chronograph (knapp 25 000 DM) mit mechanischem Selbstaufzug, ewigem Kalender und Mondphasenanzeige. Einzigartig ist die bei dieser Uhr gegebene Möglichkeit, sämtliche Indikationen mittels der Aufzugskrone zu korrigieren, und der ewige Kalender ist bis zum Jahr 2499 vorprogrammiert (lediglich in den Jahren 2100 und 2200, die keine Schaltjahre sind, müssen Korrekturen vorgenommen werden).

Der von Ferdinand Porsche entworfene Titanchronograph der IWC, Gehäuse und integriertes Band sind aus Titan gefertigt.

JAEGER-LECOULTRE

Frühe Reverso von Jaeger-LeCoultre, 18 Kt Gold, schwarzes Zifferblatt, kleine Sekunde bei der '6'.

Dank intensiver Entwicklungsarbeit konnte Jaeger-LeCoultre zahlreiche Neuerungen verwirklichen, die der gesamten Uhrenindustrie zugute gekommen sind und wesentlich zum guten Klang des Begriffs 'Swiss made' beigetragen haben. Andere Firmen haben allen Grund, für diese Neuerungen und Erfindungen dankbar zu sein, hat doch Jaeger-LeCoultre dadurch viel zu ihrem eigenen Erfolg beigetragen. Schon seit der Jahrhundertwende war Jaeger-LeCoultre Zulieferer für Patek Philippe, Cartier und Omega, und auch noch heute versorgt das Haus führende Firmen wie Audemars Piguet, Chopard, Piaget, Vacheron & Constantin und die eigene Schwesterfirma IWC mit Trieben von großer Güte.

Wenn gekrönte Häupter, bedeutende Staatsmänner und andere hohe Repräsentanten die Schweiz besuchen, erhalten sie als Gastgeschenk von der Schweizer Regierung eine für das Land typische technologische und künstlerische Meisterleistung – eine Atmos von Jaeger-LeCoultre. Bekommen haben eine solche Uhr unter anderen Königin Elisabeth II., Winston Churchill, J.F. Kennedy, General de Gaulle, Haile Selassie, Ronald Reagan und Papst Johannes Paul II. Angetrieben wird dieses 'Beinahe-Perpetuum-mobile' durch nichts anderes als durch ein sehr dünnes Gas. Unmöglich? Für Jaeger-LeCoultre gibt es dieses Wort nicht. Das Gas ist in einer hermetisch versiegelten Kapsel eingeschlossen; schon Temperaturschwankungen von 1°C bewirken, daß sich die Kapsel ausdehnt oder zusammenzieht, und diese Bewegungen der Kapselwand reichen aus, um das Federwerk aufzuziehen. Die Atmos mit ihrem fast reibungsfreien Werk hat eine Lebensdauer von mindestens 600 Jahren, doch macht die Luftverschmutzung eine Reinigung in Abständen von 25 bis 30 Jahren notwendig.

Heute brauchen die Armbanduhrwerke hundertmal mehr Energie, um zu funktionieren. Noch ungünstiger ist, wie Umweltfachleute wissen, die Energiebilanz bei Batterieantrieb, muß doch für die Herstellung einer normalen Batterie fünfzigmal mehr Energie aufgewandt werden, als die Batterie dann liefert. Im Zuge des Umdenkens, das auf Energieeinsparung und die Verwendung erneuerbarer Energiequellen zielt, ist es denkbar, daß sich die Atmos-Technologie in absehbarer Zukunft allgemein für Armbanduhren durchsetzt. Schon immer war es die Devise der Entwicklungsabteilung von Jaeger-LeCoultre, das Unmögliche möglich zu machen.

Von dieser Idee war bereits Antoine LeCoultre besessen, als er die Firma 1833 gründete. Mit diesem Gründungsjahr ist Jaeger-LeCoultre einer der ältesten noch existierenden Schweizer Uhrenhersteller. Wenn heute Besucher nach Le Sentier im Vallée de Joux kommen und nach 'dem Werk' fragen, werden sie ganz selbstverständlich auf Jaeger-LeCoultre verwiesen. Der große moderne Fertigungsbetrieb steht unmittelbar neben der kleinen Werkstatt, die Antoine LeCoultre seinerzeit erstellen ließ. Er entwickelte und vervollkommnete eigene Werkzeuge und Maschinen, um andere Uhrenfabrikanten mit hochwertigen Einzelteilen und qualitätvollen Kalibern beliefern zu können. Er erfand den 'LeCoultre-Stichel' und leistungsfähige Fräsmaschinen, vor allem aber den 'Milliometer', der die ganze Uhrenindustrie revolutionierte, war es doch das erste Meßinstrument, mit dem man auf ein Tausendstel Millimeter genau messen konnte.

Diese Erfindungen brachten Antoine bei der Londoner Weltausstellung 1851 eine Goldmedaille ein, und von 1847 bis 1910 verwandte Patek Philippe für seine Uhren hauptsächlich LeCoultre-Komponenten. In diese Jahre fallen die Verdrängung des Schlüsselaufzugs durch den 1860 erfundenen Kronenaufzug,

JAEGER-LECOULTRE
REVERSO
JAEGER-LECOULTRE
REVERSO

die Entwicklung von Werken mit Viertelstunden- und Minutenrepetition (1870) und des mit 1,38 mm flachsten Uhrwerks der Welt (1903). Diese wegweisende Erfindung führte zur Fertigung ultraflacher Chronographen und einer 1906 auf den Markt gebrachten superflachen (Kaliberhöhe 3,2 mm) Armbanduhr mit Minutenrepetition. Seit jener Zeit ist die Uhrenindustrie von der Idee einer immer weitergehenden Miniaturisierung besessen.

Erst im Jahr 1925 tat sich LeCoultre mit dem elsässischen Uhrmacher und Industriellen Edmond Jaeger zusammen. Die Fertigungsanlagen wurden erweitert, und bald folgten auch neue Erfindungen: 1926 das erste Gehäuse aus rostfreiem Spezialstahl und das Duoplan-Kaliber, das im Interesse höherer Ganggenauigkeit den Einbau einer größeren Unruh erlaubte, 1929 das kratzfeste Saphirglas und die '2 Ligne' – eine Uhr, deren Erfolg im umgekehrten Verhältnis zu ihrer Größe stand. Die '2 Ligne' war und ist die kleinste mechanische Uhr der Welt. Die 74 Teile des winzigen Werks sind in einem 3,4 x 4.85 x 14 mm messenden Gehäuse untergebracht und wiegen samt Zifferblatt noch nicht einmal ein Gramm.

Oben:
Reverso der vierziger Jahre mit Goldplaqué-Drehgehäuse in Stahlhalterung, von Jaeger-LeCoultre für Favre-Leuba hergestellt.

Linke Seite:
Die berühmte Reverso von Jaeger-LeCoultre mit ihrem zum Schutz des Glases um 180 Grad schwenkbaren Gehäuse. Ende der siebziger Jahre hat diese Uhr neue Beliebtheit erlangt.

Oben:
Stilvoll ist auch dieses Reverso-Modell mit seinem originellen Zifferblatt.

Das winzige Meisterwerk, das sich harmonisch in ein Perlen-oder Diamantenarmband integrieren ließ, paßte in die Zeit der Luxusdampfer und des aufkommenden Hollywood-Glamour. Derzeit werden jährlich etwa 30 Exemplare dieser einzigartigen Uhr gefertigt, der königliche Ehre zuteil geworden ist: Königin Elisabeth II., die eine solche Uhr besitzt (Weißgold, Gehäuse und Armband diamantenbesetzt), hat sie 1953 bei ihrer Krönung getragen.

Was bedeutet der seltsame Name? Eine (Pariser) Linie ist eine alte Maßeinheit (2,256 mm), die für Uhrwerke gebraucht wird. Das kleinste je gefertigte Uhrwerk mißt 2 Linien. Jaeger-LeCoultre erklärt die Namengebung folgendermaßen: 'Dies ist eine Schöpfung von erlesenem Geschmack, von großer Klasse, die ihren Schöpfer so überwältigte, daß er keinen Namen dafür zu finden vermochte.'

Vielleicht noch berühmter als diese Uhr wurde die Reverso, eine Sportuhr von Jaeger-LeCoultre, die sich in ihrem Gehäuse wenden läßt und die 1931 vorgestellt wurde. Nachdem sie in neuer Zeit wieder ins Programm aufgenommen wurde, ist sie nach wie vor einer der 'Renner' der Firma. Geschaffen wurde die Reverso für den sportlichen Menschen der Zwischenkriegszeit. Das Gehäuse aus Edelstahl läßt sich um 180 Grad drehen, so daß Zifferblatt und Glas geschützt sind. Selbstverständlich ist das Werk stoß- und korrosionsfest, so daß sich die Uhr auf der Skipiste, dem Tennisplatz oder dem Polofeld tragen läßt. Das charakteristische rechteckige Gehäuse mit integrierten Bügeln und dezentem Dekor ist im Art-Deco-Stil gestaltet. Mit umgedrehtem Gehäuse kann die Uhr als Armbandschmuck getragen werden. In den dreißiger Jahren schmückte man die Rückseite häufig mit dem Wappen oder Namenszug des Besitzers, und auch heute sind Gravuren nach individuellen Kundenwünschen möglich.

Im Zweiten Weltkrieg wurde die Reverso aus dem Programm genommen, aber ein italienischer Händler, der in der Manufaktur von Jaeger-LeCoultre eine Handvoll alter, leerer Reverso-Gehäuse entdeckte, entriß die Uhr der Vergessenheit. Er ließ in die Gehäuse neue Werke einbauen und erzielte damit in Italien einen durchschlagenden Erfolg. Darauf reagierte die Schweizer Firma und brachte 1979 den Bestseller früherer Jahre wieder auf den Markt. Heute sind etwa 2500 der 12 000 kompletten Uhren, die alljährlich von Jaeger-LeCoultre ausgeliefert werden, Reverso-Modelle. Die Uhr wird in allen Teilen im eigenen Haus produziert und ist die vollkommenste Verkörperung des Einklangs von Technik und Ästhetik, die die Firma je geschaffen hat. Sie gehört in jede Sammlung klassischer Armbanduhren. Lieferbar ist die neue Reverso in Stahl oder

*Oben:
Armbanduhr von Jaeger-LeCoultre mit Goldeinlage, versilbertem Zifferblatt, Punktmarkierungen, Kalenderring, Mondphasenanzeige, roter Zentralsekunde und Fenstern für Wochentags- und Monatsindikation.*

Gold (18 Kt), mit Metall- oder Lederband, mit und ohne Diamantenbesatz. Zu farbigen Zifferblättern gibt es Lederarmbänder in entsprechenden Farben. Zwar wurde für das Gehäuse der nostalgische Art-Deco-Stil beibehalten, doch das eingebaute Quarzwerk ist hochmodern (in kleinen Stückzahlen ist die Reverso auch mit mechanischem Werk erhältlich). Seit 1987 ist die Uhr wassergesichert, und neue Modelle sind mit Mondphasenanzeige ausgestattet. Anläßlich des 150. Firmenjubiläums wurde 1983 eine Integrated Reverso in Stahl-Gold-Gehäuse mit Gliederarmband vorgestellt.

Mit der 2 Ligne und der Reverso war der Erfindungsreichtum von Jaeger-LeCoultre noch keineswegs erschöpft. 1953 wurde die Futurematic vorgestellt, die erste vollautomatische Armbanduhr, die auf jede Aufzugsmöglichkeit von Hand verzichtete. Bei einem Stillstand des Werks genügt eine einzige Armbewegung, um es wieder in Gang zu setzen. 1956 folgte die erste automatische Armbanduhr mit integriertem Weckwerk. Auch die Miniaturisierung wurde vorangetrieben, so 1967 mit einem nur 2,35 mm hohen Automatikkaliber und 1982 mit dem flachsten je gefertigten Quarzkaliber, 1,8 mm hoch bei einem Durchmesser von 11,7 mm.

Erfolg hatte Jaeger-LeCoultre mit den Neuauflagen früherer Modelle, so mit der Memovox von 1951 und mit der rechteckigen Mondphasenuhr von 1940, die beide in limitierten Auflagen wieder ins Programm genommen wurden. Für die Monphasenuhr behielt man das unverwechselbare rechteckige Goldgehäuse (18 Kt) von 1940 bei, das an die Gehäuseform der populären Reverso anknüpfte. Die Uhr hat Tages- und Monatsindikation, und auf einem Hilfszifferblatt läßt

*Rechts:
Der Damen-Chronograph Gaia von Jaeger-LeCoultre im Stil der Lepine-Taschenuhren mit dem kleinsten Chronographen-Quarzwerk der Welt, 18 Kt Gold.*

*Rechte Seite:
Der Quantième-Perpetuel-Chronograph der Odysseus-Kollektion von Jaeger-LeCoultre besteht aus mehr als 250 Teilen und ist bis zum Jahr 2100 vorprogrammiert.*

JAEGER-LECOULTRE
AUTOMATIC
SEP OCT NOV DEC JAN FEV MAR AVR MAI JUN JUL AOU
SAM DIM LUN MAR MER JEU VEN

sich die Mondphase ablesen. Gefertigt wurden 600 Exemplare mit eingeprägtem Lorbeerkranz und dem Datum des Firmenjubiläums.

In noch geringerer Stückzahl wurde die Memovox Jubilee aufgelegt; nur 350 Exemplare kamen auf den Markt. Wie 1951 hat die Jubiläumsedition zwei Kronen, eine zum Stellen des Uhrwerks und eine zweite zum Aufziehen und Einstellen des separaten Weckerwerks. Die Memovox ist die einzige Armbanduhr mit automatischem Gehwerk und mechanischem Weckerwerk.

Nicht minder erfolgreich als die alten Modelle sind die neuen Kollektionen von Jaeger-LeCoultre. Verkaufsschlager ist nach der Reverso heute die Albatross, von der mit berechtigtem Stolz betont wird, daß sie bis zum winzigsten Teil vollständig im eigenen Haus gefertigt wird. Das gilt auch für die 150 Glieder (in 14 Größen), aus denen das einzigartige, anatomisch geformte Armband zusammengefügt wird. Das zweite unverwechselbare Element der Albatross ist das in drei Größen lieferbare sechseckige Gehäuse, das auch mit Diamantenbesatz bezogen werden kann. Ein hochinteressantes Modell des Jubiläumsjahrs 1983 ist die mit Titan beschichtete Blue Albatross, die natürlich, ihrem Namen entsprechend, wassergeschützt ist.

Klassische Schlichtheit in Edelstahl, geschaffen von Jaeger-LeCoultre.

Nicht vergessen seien zwei weitere moderne Klassiker: die Gaia mit Krone und schlaufenförmigem Bügel bei der '12', die mit Datumsanzeige und Stoppuhrfunktionen ausgestattet ist, und die Lyre, die Nummer drei auf der Hitliste der Firma. Benannt ist diese Uhr nach ihrer Gehäuseform mit integrierten Bügeln, deren gebogte Ansätze an das altgriechische Musikinstrument erinnern. Das Zifferblatt ist durch römische Zahlen geteilt, Datums- und Mondphasenanzeige sind zusätzliche Optionen. Das teuerste Modell ist die Damenarmbanduhr mit 83 Diamanten auf dem 18karätigen Goldgehäuse.

Mit ihrer klassischen Schlichtheit verkörpert die Lyre in den Augen vieler den Jaeger-LeCoultre-Stil. Aber keine Firma kann es sich leisten, neue Entwicklungen und Trends auf dem Markt außer Acht zu lassen, und diese zielen auf technisch immer komplexere Uhren mit einer Vielzahl von Indikationen, die sowohl sportlich als auch repräsentativ sind. Darauf reagierend, schuf Jaeger-LeCoultre 1987 die Odysseus Perpetual Calendar mit einem ultraflachen, bis zum Jahr 2100 vorprogrammierten Automatikkaliber (Nr. 166.740.803).

Ein Jahr später wurde die Odysseus-Linie durch Chronographen erweitert, die eine weitere Neuentwicklung der Firma enthielten – das kleinste je gebaute Kaliber für Chronographen mit Analoganzeige. In diesem bahnbrechenden Werk, für das eine dreijährige Enmtwicklungsarbeit notwendig war, sind Quarztechnologie und mechanische Komponenten vereint. Mit 23,2 mm Durchmesser und 3.7 mm Höhe ist es nur ein Drittel so groß wie herkömmliche mechanische Chronographenkaliber und rund 40 Prozent kleiner als das kleinste Chronographenquarzwerk. Es war Ausgangspunkt für eine neue Generation eleganter superflacher Chronographen, darunter eine Damenuhr mit nur 30 mm Durchmesser. Die Gehäuse der Odysseus-Chronographen sind aus Gelbgold (18 Kt), wobei der Glasring von ins Auge fallenden Klammern aus Rotgold umfaßt wird. Sehr ansprechend ist auch die Version in Tantal, einem Edelmetall, das den Schimmer schwarzer Perlen aufweist. Alle Funktionen lassen sich mit Hilfe zweier Drücker betätigen, sämtliche Modelle sind wassergeschützt, und zwei Zeitindikationen ermöglichen es, beim Wechsel in eine andere Zeitzone die heimatliche Zeit beizubehalten.

In einige wenige Exemplare der technischen Spitzentriade von Jaeger-LeCoultre (Odysseus, Kyros, Hera), die wahlweise mit Quarzkalibern, automatischen oder mechanischen Werken und mit Stoppuhrfunktionen lieferbar sind, wird seit kurzem das neu entwickelte Chronographenkaliber JLC 630 eingebaut.

LONGINES

Im Jahre 1927 überquerte der weltberühmte Flugpionier Charles Lindbergh als erster Mensch in einem historischen, 33 Stunden und 39 Minuten dauernden Alleinflug den Atlantik. In diesen einsamen Stunden träumte er von einem Zeitmeßinstrument für Flieger, das es ermöglichen sollte, den Greenwicher Sonnenzeitwinkel direkt abzulesen und so die geographische Längenposition zu bestimmen. Wenig später fertigte er die Skizze einer solchen Uhr an, für die sich J.-P. V. Heinmüller begeisterte, Longines Generalvertreter in Amerika, der selbst ein leidenschaftlicher Flieger war. Ließ sich eine solche Uhr verwirklichen, und war die schon damals als Zeitnehmer bei großen Sportveranstaltungen renommierte Firma Longines dazu in der Lage? Sie war es. Seit 1932 leistete die Lindbergh-Stundenwinkel-Armbanduhr in einer Zeit, in der moderne Navigationshilfen wie Funk, Radar und Satellitenpeilung noch in weiter Ferne lagen, einer ganzen Generation von Piloten unschätzbare Dienste.

Ihren Anfang nahm die Geschichte von Longines 1832, als sich der junge Kaufmann Auguste Agassiz in St. Imier im Kernland der Schweizer Uhrenherstellung niederließ. Er etablierte sich als Remonteur, der in Heimarbeit Uhrenteile herstellen ließ, die er dann zusammenbaute und feinstellte. Die fertigen Uhren vertrieb er durch seine Firma Agassiz & Cie. Dieses herkömmliche Verfahren der Uhrenmanufaktur funktionierte recht gut und sicherte ihm für zwei Jahrzehnte ein stabiles Einkommen. 1854 jedoch übergab der kränkelnde

Rodolphe heißt der Designer, der diese ungewöhnliche Uhr für Longines gestaltet hat.

Firmengründer die Geschäftsführung an seinen jungen Neffen Ernest Francillon. Diesem wurde rasch bewußt, daß man keine Uhren von gleichbleibender Qualität herstellen konnte, wenn man auf eine Vielzahl von Zulieferern mit unterschiedlichem Können angewiesen war; bei diesen Voraussetzungen waren keine zwei Uhren genau gleich. Deshalb faßte er den Entschluß, alle seine Uhren unter einem Dach zu fertigen, so daß er die volle Verantwortung für deren Güte übernehmen konnte, und erbaute in St. Imier eine Manufaktur auf einer Gemarkung mit dem Namen Les Longines ('lange Felder'). Francillons Pioniergeist, der stets die Grenzen des technisch Machbaren erweitern wollte, hat entscheidend zu den Erfolgen in der ersten Zeit der Firma beigetragen.

Früh schon wandte sich Longines der Chronographen-Produktion zu; der erste Chronograph wurde 1879 ausgeliefert. Auf die durch die zunehmende Sportbegeisterung gestellten neuen Herausforderungen reagierte Longines durch die Entwicklung einer ersten brauchbaren Zeitnahmetechnik, die erstmals im Jahr 1912 beim Basler Bundesturnertreffen eingesetzt wurde. Um bei der Zeitnahme menschliche Unzulänglichkeit auszuschalten, wurden über die Startlinie und die Ziellinie gewichtsbeschwerte Bänder gespannt. Zunächst wurde beim Start das Startband zerrissen, und das herabfallende Gewicht setzte über eine elektrische Leitung eine am Ziel befindliche Stoppuhr in Gang. Beim Zieleinlauf wurde dann das Zielband zerrissen, und jetzt brachte das fallende Gewicht die Stoppuhr zum Stehen, so daß die genaue Zeit festgehalten wurde. Dieser revolutionierenden Technik verdankte es Longines, daß die Firma bei vielen großen Sportveranstaltungen zum offiziellen Zeitnehmer wurde, so bei den Olympischen Spielen und beim Formel-1-Grand-Prix, wie durch das Fernsehen heute fast jedermann weiß.

Ein stabil wirkendes und doch elegantes Quarzwerkmodell der Lindbergh-Kollektion von Longines.

Technologisch stets auf dem laufenden, nahm Longines schon 1910 die Armbanduhrenproduktion auf. Die erste Herrenarmbanduhr mit Schutzdeckel und kleiner Sekunde mußte ihre Bewährungsprobe freilich unter tragischen Umständen bestehen – in den Schützengräben des Ersten Weltkriegs. Danach fertigte Longines bis zur Invasion der Quarzuhren weiterhin mechanische Armbanduhren von größter Präzision und Zuverlässigkeit. Unpretentiös und streng funktional, sind diese frühen Armbanduhren von zeitloser Klasse.

Eine weitere wegweisende Erfindung von Longines war 1969 das erste kybernetische Quarzkaliber. In einer Zeit, in der es für das Modul noch keinen integrierten Schaltkreis gab, war dies eine sehr beachtliche Leistung. Jedenfalls erwies sich bei diesem Werk der Schwingquarz als Taktgeber von absolut zuverlässiger Konstanz und gewährleistete eine Ganggenauigkeit, die es bis dahin bei Uhren dieser Größe noch nie gegeben hatte. Drei Jahre später, 1972, stellte Longines bei der Basler Mustermesse seine Quarzuhr mit Flüssigkristallanzeige (LCD) vor, entwickelt in Zusammenarbeit mit Ebauches SA und Texas Instruments, eine Uhr mit Daueranzeige von Stunden, Minuten, Sekunden und Datum.

Die modernste Armbanduhr der Welt ist Longines' Conquest VHP (Very High Precision) mit einer Gangabweichung von maximal einer Sekunde in fünf Jahren. In diese Uhr ist eine Neuentwicklung eingebaut, ein thermokompensierendes Quarzkaliber mit einer raffinierten Kombination von Schaltkreisen, die den größten Feind der Ganggenauigkeit von Quarzuhren, nämlich Temperaturschwankungen, völlig zu neutralisieren vermag. Diese augenfällige Uhr im sportlichen Stil, der in den späten achtziger Jahren beliebt war, weist auf der Lünette und am Rand des Zifferblatts zwölf charakteristische Markierungen

LONGINES

auf; das Armband dieser Uhr ist aus zwei kontrastierenden Metallen gefertigt.

Für spezielle Anforderungen hat Longines diese Uhr dann weiterentwickelt. Die Conquest GMT etwa hat eine Drehlünette mit 24-Stunden-Markierung, so daß sich auf ihr neben der örtlichen Zeit auch die Zeit in anderen Zeitzonen ablesen läßt. Für Spieler ist die Conquest Las Vegas ein absolutes Muß: Auf der Rückseite der Uhr findet er einen Mini-Spieltisch. Die Conquest 1000 Oe ist für Leute bestimmt, die viel mit starken Magnetfeldern in Berührung kommen,

Links:
Ein moderner Klassiker aus der Conquest-Linie von Longines; Gehäuse und integriertes Band aus Gold und Titan.

Rechte Seite:
Eine frühe silberne Aviator's Lindbergh von Longines, ein begehrtes Stück für Sammler.

also Ingenieure, Techniker und Radiologen, ein beachtliches Marktpotential. Einer normalen Quarzuhr machen die von elektrischen Gebrauchsgegenständen wie Elektrorasierern oder Fernsehgeräten erzeugten schwachen Magnetfelder nichts aus, aber Techniker und Wissenschaftler haben es oft mit sehr viel stärkeren Magnetfeldern zu tun. Gegen deren Störeinwirkung ist das Werk der Conquest 1000 Oe durch einen Weicheisenmantel abgeschirmt.

Vielleicht das Nonplusultra der Sportuhren ist Longines' Conquest-Quarz-Chronograph. Ihn kann nicht nur der Spitzenathlet oder das Motorsport-As brauchen, sondern auch der Jogger und jeder, der sein Frühstücks-Ei auf die Sekunde genau gekocht haben möchte. Wenn man ihn nur als Uhr benutzen will, zeigt er zuverlässig Stunde, Minute, Sekunde (kleine Sekunde) und Datum an. Man kann aber auch durch Verstellen des Stundenzeigers einen Zeitzonenwechsel vornehmen, ohne daß dadurch die Ganggenauigkeit von Minuten- und Sekundenzeiger im mindesten beeinträchtigt werden. Als Chronograph benutzt, registriert er bis zu 12 Stunden präzis Stunden, Minuten und Sekunden

LONGINES

Rechts:
Zur Charleston-Kollektion von Longines gehört diese goldplattierte Quarzuhr mit römischen Ziffern und kleiner Sekunde bei der '6'.

Rechte Seite:
Frühe automatische Conquest von Longines mit gemischter Ziffer- und Stabmarkierung.

Oben:
Eine klassische superflache Quarzarmbanduhr von Longines.

Oben:
Ausgefallene Digitalarmbanduhr von Longines.

bis zu hundertstel Sekunden. Obendrein kann man im elektronischen Gedächtnis der Uhr bis zu 99 Einzelresultaten festhalten, von denen die ersten zehn separat gespeichert werden und nacheinander abgerufen werden können.

Diese Uhren für Spezialisten bezeugen den großen Erfindungsreichtum von Longines, aber die Firma produziert auch Präzisionsuhren für gewöhnliche Sterbliche, die sich etwas Besonderes zulegen wollen. Die Grandes Classiques sind genau das, was ihr Name besagt – klassisch gestaltete Uhren ohne jedes unnötige Beiwerk, die auch noch in fünfzig Jahren Anklang finden werden. Die Kollektion Charleston umfaßt Nachbauten von Longines-Uhren der zwanziger Jahre und entspricht damit der Nostalgie-Welle unserer Tage. Im Gegensatz dazu bietet die 1987 herausgebrachte Kollektion Rodolphe ausgesprochen moderne Designer-Uhren, die in erster Linie für modebewußte, finanziell gutgestellte junge Leute gedacht sind.

Auf modewußte Menschen jeglichen Alters zielt die Collection Mode, die bewußt den wechselnden Mode-Trends folgt. Zeitlose Hits für Kenner sind zweifellos zwei andere Longines-Uhren, Planetarium und Complication. Die Complication mit Indikation von Mondphase und Mondalter, Monat, Jahreszeit, Tag- und Nachtgleiche, Sonnenwende und Tierkreiszeichen ist ein Meisterwerk der Uhrmacherkunst, der Höhepunkt einer langen Tradition. Das komplizierte Werk, dessen Herstellung schwierig und teuer ist, wurde bereits um die Jahrhundertwende entwickelt; die Complication ist eine der wenigen Uhren mit mechanischem Werk, die Longines heute noch fertigt. Sie ist vielleicht die vollkommenste Verkörperung des Firmenprinzips, mit altüberliefertem Können und traditioneller Präzision den Herausforderungen des 20. Jahrhunderts gerecht zu werden.

LONGINES
Automatic
Conquest

Mido
Commander
Mido
OCEAN STAR

MIDO

Der Name 'Mido' und der Begriff 'wassergeschützt' sind praktisch Synonyme – bei Surfern und Freunden des Tauchsports sind Mido-Uhren ungemein beliebt. Nautische Motive sind auch ins Design der Uhren eingeflossen; so schmückt ein stilisiertes Reep die Lünette der Cable-Uhr, und von Art-Deco-Eleganz sind die wellenartig geformten Glieder der Metallarmbänder und die wellengeschliffenen Zifferblätter der populären Ocean-Star-Modelle.

Oben: Damenarmbanduhr Ocean Star von Mido, wassergeschütztes Quarzwerk, Gehäuse Stahl, auch Goldplaqué und Zweitonmetall.

Linke Seite: Commander (links) und Ocean Star (rechts), zwei beliebte Mido-Uhren für Damen und Herren, wassergeschützt.

Herrenarmbanduhr Ocean Star von Mido.

Das sportliche, den Elementen verbundene Image der Mido-Uhren hat seine Geschichte. 1934 brachte die Firma eine Uhr auf den Markt, die laut Werbung allen Widrigkeiten trotzen sollte, die Multifort, die auf Anhieb zum Bestseller wurde. Diese erste wassergeschützte, stoßsichere und antimagnetische Automatikuhr war so konstruiert, daß sie arktischer Kälte und tropischer Hitze, der Feuchtigkeit der Urwälder und jeder nur denkbaren naturgegebenen oder von Menschenhand verursachten Unbill standhalten konnte. Außergewöhnliche Geschichten zufriedener Käufer trugen dazu bei, eine regelrechte Mido-Mythologie zu schaffen. Ein Eisverkäufer in São Paolo steckte als Werbegag eine Mido-Uhr in seine Eisbehälter, ein Goucho band sie an das Bein eines Rindes, ein gräflicher Weltenbummler überstand mit ihr Sandstürme in der Wüste, und noch manch anderes dieser Art wußte man zu berichten.

Ähnliche Geschichten erzählte man sich dann auch im Zweiten Weltkrieg. Einen amerikanischen Piloten begleitete seine Multifort bei 68 Luftangriffen. Als ihn schließlich eine Kugel im Handgelenk traf, zersplitterte zwar das Uhrglas, aber die Uhr tickte weiter. Ob nun wahr oder nicht, jedenfalls zeigen diese Geschichten, daß Mido-Uhren schon früh in aller Herren Länder getragen wurden. Im Jahr 1947 wurden die Uhren bereits in 65 Ländern vertrieben, und für die weltweite Promotion des Superautomatic-Modells 1952 lieferte kein geringerer als Salvador Dali die Entwürfe.

Als Georges Schaeren die Firma 1918 gründete, machte er es sich zum Grundsatz, vor jeder Produktionsentscheidung zunächst gründliche Marktforschung zu betreiben, um exakt die Erwartungen und Wünsche des Käuferpotentials zu erkunden. In den frühen Jahren richtete man sich weitgehend nach den vorherrschenden Trends, doch nach über siebzig Jahren im Geschäft hat sich Mido in die Gefilde der Haute Couture begeben und bringt jetzt Schöpfungen von zeitloser Eleganz auf den Markt, die ein vornehmes Understatement auszeichnet. Zu einer Art Markenzeichen wurde die Klarheit und Übersichtlichkeit des Designs mit leicht ablesbaren Indikationen, Strichteilungen und Stabzeigern auf den durch keine Hilfszifferblätter unterteilten Zifferblättern. Nach dieser Formel sind mit leichten Variationen alle Uhren gestaltet, die Cable, die Baroncelli, die Commander und alle anderen Modelle, die in der Ocean-Star-Kollektion gipfeln. Von Sammlern sehr begehrt sind auch die frühen Uhren der zwanziger und dreißiger Jahre, die noch einen größeren Formenreichtum aufweisen. In dieser Zeit schuf Mido smaragdbesetzte Baguette-Uhren für die munteren Damen der 'goldenen Zwanziger' und Taschen- und Anhängeruhren – teils in Flugzeug- und Fußballform – für die sportbegeisterten dreißiger Jahre. Eine erste Uhr dieser Art war die Mido Bugatti, eine Armbanduhr in der Form eines Autokühlers, die 1930 für die Associazione Automobilistica KNAC geschaffen wurde. Im Januar 1989 erzielte eine solche Uhr bei einer Frankfurter Auktion 44 500 DM. Es folgten weitere 'Kühler-Uhren' für Autonarren, die zu Klassikern für Sportuhrensammler geworden sind. Geschmackvolle Art-Deco-Ziffern schmücken das Zifferblatt; der Firmenname steht über der '12'.

Bereits in den zwanziger Jahren begannen die Entwicklungsarbeiten für eine Uhr, die den 'Ansprüchen des modernen Lebens' gerecht werden konnte, der

Stöße, Wasser, Staub, Magnetfelder, Temperaturschwankungen, Parfüm, Öl und andere chemische Substanzen nichts anzuhaben vermochten. 1935 brachte Mido eine Armbanduhr mit Selbstaufzug auf den Markt; es war nicht die erste, aber sicherlich eine der zuverlässigsten frühen Automatikuhren. 1936 folgte die Permadur mit unzerbrechlicher Aufzugsfeder; vorausgegangen war 1934 die Erfindung des Powerwind-Aufzugsystems für Automatikuhren, das einfachere Technik mit größerer Gangreserve vereinigte.

Die wegweisende Mido-Erfindung jedoch, die noch heute das Firmenimage und die Mido-Werbung prägt, war das 1959 der Öffentlichkeit vorgestellte Aquadura-System für wassergeschützte Uhren. Wer technisch bewandert ist, weiß, daß die 'Achillessehne' einer dem Wasser ausgesetzten Uhr die Stelle ist, an der die Kronenwelle ins Gehäuse eingelassen ist. Um diese Stelle abzudichten, machte Mido bei Küfern und Winzern eine Anleihe. Weinflaschen müssen liegend aufbewahrt werden, damit der Wein den Korken feucht und damit luftdicht hält. Dieses Prinzip übernahm Mido für die Uhren: Entsprechend geformte und mit einer Spezialflüssigkeit befeuchtete Korken dichten das Werk an der Kronenöffnung ab.

Die mit dem wegweisenden Aquadura-System ausgerüstete Ocean-Star-Kollektion wurde 1959 auf den Markt gebracht. Sie fand großen Anklang und wurde im Laufe der Jahre ständig erweitert und gleichzeitig im Detail verbessert. Ein bemerkenswertes Modell ist die 1981 vorgestellte Ocean Star Nr. 1, für die der damals eben erst zum Wimbledon-Sieger gekürte Björn Borg die Werbetrommel rührte. Die Nr. 1 hat mit den meisten Mido-Uhren das Aquadura-System, das ETA-Quarzkaliber, das Stahlgehäuse und das Saphirglas gemeinsam. Speziell jedoch ist das Design mit dem stilisierten Wellenmotiv des Metallarmbands, das einen reizvollen Kontrast zum schlichten Rechteck des Uhrgehäuses bildet (Modell 156 8721 für Herren, 153 7712 für Damen).

Ein weiterer für Sammler interessanter Klassiker ist die wunderschöne Cable (1987), von der nur 1000 Stück gefertigt wurden. Hier ist die Strichmarkierung bei der '12' durch einen Anker ersetzt, und um die Lünette zieht sich ein stilisiertes Reep. Wer auf offizielle Würdigungen Wert legt, wird nach der Mido Commander Ausschau halten, einer weiteren limitierten Serie, die 1984 als bestgestylte Automatikuhr ausgezeichnet wurde, ein Beweis für Midos Fähigkeit, hervorragende Technik mit künstlerischem Anspruch zu kombinieren.

Es gibt aber nicht nur exklusive und sehr teure Mido-Uhren. Für eine junge, modebewußte und lebensfrohe Kundschaft wurde 1986 die Swing Line auf den Markt gebracht – eine Art gehobenes Gegengewicht zur allgegenwärtigen Swatch. Seltenheitswert haben diese Uhren zwar nicht, aber als Zeugnis moderner Funktionalität hat die Swing Line zumindest Aussicht, eines Tages zu den Klassikern zu zählen.

Rechts und rechte Seite: Weitere Uhrenmodelle von Mido.

Mido
QUARTZ
OCEAN STAR
Mido
QUARTZ
OCEAN STAR
Mido
QUARTZ
EAN STAR
SWISS MADE
7

MOVADO

Movado stammt aus dem Esperanto und bedeutet 'das immer in Bewegung Befindliche'. Ihren Anfang nahm die Firma 1881 in einer kleinen Uhrmacherei im schweizerischen La Chaux-de-Fonds. Dort fertigte der begabte Meister-Uhrmacher Achille Ditesheim mit sechs Angestellten Uhren von Hand – ein zwangsläufig langsames und teures Verfahren. 1890 traten zwei Brüder von Achille, Leopold und Isidore, in den Betrieb ein; zum damaligen Zeitpunkt beschäftigte die LAI Ditesheim, wie die Firma damals genannt wurde, dreißig Leute. Die drei Brüder hatten sich ein Ziel gesetzt, das noch heute für das Haus gilt: Sie wollten erstklassige Uhren produzieren, die sich durch Qualität und Formschönheit internationale Anerkennung verschafften. Sie setzten sich mit Künstlern in Verbindung, ließen nicht nur eine mit den modernsten Maschinen

ihrer Zeit ausgestattete Fertigungsstätte erstellen, sondern richteten auch eine Entwicklungsabteilung und ein eigenes Entwurfsbüro ein. Zur notwendigen Kapitalaufstockung steuerte ein weiterer Bruder ein, Leopolds Zwillingsbruder Isaac, der von Beruf Kupferstecher war.

Als ein Meilenstein in der Geschichte des Hauses erwies sich das Jahr 1905. In diesem Jahr wurden nicht nur der neue Firmenname Movado und das charakteristische Markenzeichen eingeführt, sondern man gewann auch bei der Lütticher Weltausstellung eine Goldmedaille und ein Großes Diplom für herausragende Leistungen. In den folgenden Jahren nahm Movado einen raschen Aufschwung, der durch den Ausbruch des Ersten Weltkriegs nur kurz unterbrochen wurde. Auch in den Kriegsjahren war Movado gut im Geschäft und produzierte Soidatenuhren, die als 'Schützengrabenuhren' weite Verbreitung fanden.

Movado stellte erstmals in Serie steingelagerte Ankerwerke von 8 und 5 Linien her, wodurch die Ganggenauigkeit der damals noch reichlich umstrittenen Armbanduhren wesentlich verbessert werden konnte. Bahnbrechend war auch die 1912 erstmals vorgestellte Polyplan-Armbanduhr, die mit Hilfe von Präzisionsmaschinen gefertigt wurde. In das der Biegung des Handgelenks angepaßte Gehäuse war ein Werk mit einer an beiden Enden nach unten abgewinkelten Platine eingebaut. Auf dem Mittelstück waren alle sich bewegenden Elemente der Uhr, auf den Seitenteilen Unruh und Aufzugsmechanismus montiert. Heute sind diese Uhren bei Auktionen sehr gefragt. Curviplan (1931) und Novoplan (1934) waren Weiterentwicklungen dieses frühen Erfolgsmodells.

Sehr beliebt bei Sammlern ist auch eine weitere Schöpfung des Hauses, die Ermeto von 1926. Das Werk dieser Armbanduhr zieht sich nicht nur selbsttätig auf, sondern ist auch gegen Stöße und Temperatur- und Luftdruckschwankungen geschützt. Ihre Bewährungsprobe bestand die Uhr, als sie in den dreißiger Jahren Piccard und Cosyns bei ihren Freiballonflügen in die Stratosphäre begleitete.

In dieser Zeit beschäftigte sich der amerikanische Formgestalter Nathan George Horwitt mit der Entwicklung eines auf das Wesentliche reduzierten Uhrendesigns. Seine Arbeiten führten ihn dann schließlich 1947 zu seiner berühmten Museum Watch. Für diese hatte er zunächst Digitalanzeigen für Stunden und Minuten vorgesehen, aber der Entwurf sah ihm, wie er schrieb, zu sehr nach einer Spielstandanzeigetafel in Sportanlagen aus. Er kam zur Einsicht, daß man das traditionelle runde Zifferblatt beibehalten sollte, da ja der Mensch Zeit nicht als Abfolge von Zahlen, sondern als durch den Sonnenlauf bestimmtes kosmisches Geschehen erfährt, so daß die Mittagsanzeige auf dem obersten Punkt des Zifferblatts dem Sonnenhöchststand zu dieser Zeit des Tages entspricht.

Links:
Die Andy Warhol Times/5 von Movado, limitierte Edition.

Oben:
Goldene Armbanduhr von Movado, versilbertes Zifferblatt durch arabische Zahlen und Punkte geteilt, Datumsring und Fenster für Wochentags- und Monatsanzeige, kleine Sekunde bei der '6'.

MOVADO
MOVADO

MOVADO

Diesen Gedankengang hat er mit seiner Museum Watch zu einem erstaunlich klaren Ausdruck gebracht. Die im Zenit stehende Sonne wird auf dem ansonsten nicht markierten, von einem goldenen Reif eingefaßten schwarzen Zifferblatt durch eine kleine goldene Scheibe bei der '12' symbolisiert. Über das Zifferblatt bewegen sich die ebenfalls goldenen Zeiger.

1960 nahm das New Yorker Museum of Modern Art Horwitts Entwurf in seine Ständige Ausstellung auf; es war das erste Mal, daß einem Uhren-Design diese Auszeichnung widerfuhr. Ein Jahr später erwarb Movado die Nutzungsrechte für das unter dem Namen 'Museum Watch' registrierte Design und nahm die Herstellung der Museumsuhr auf, die, wie Horwitt bestätigt hat, seine Grundidee noch besser umsetzt als die Modelle, die im Museum of Modern Art und im Brooklyn Museum ausgestellt sind. Er schreibt: 'Das dort gezeigte Modell... ist kein idealer (Gehäuse-)Entwurf, aber damals ließ er sich nicht anders verwirklichen. Das gewölbte Kristallglas soll den Eindruck der Flachheit verstärken, bewirkt aber durch seine Spiegelungen genau das Gegenteil. Mein Grundgedanke war es, ein völlig flaches Zifferblatt mit vollkommen flacher Abdeckung zu schaffen (wie es bei der Movado Museum Watch verwirklicht worden ist).'

Tempomatic von Movado, Mitte der dreißiger Jahre. Automatikuhr mit Dolchzeigern und Zentralsekunde, ungewöhnliche Markierung.

Als nicht minder bahnbrechend kann man bezeichnen, was aus Movados jüngster Zusammenarbeit mit Künstlern hervorgegangen ist – eine Sammleruhr par excellence, die in einer limitierten Auflage von nur 250 Stück gefertigt wurde. 50 davon blieben bei der Firma, die übrigen 200 wurden im Sommer 1988 zum Stückpreis von rund 30 000 DM in den Handel gebracht. Dieses Modell, die Andy Warhol Times/5, war die erste Uhr und gleichzeitig das letzte Kunstwerk, das der amerikanische Avantgardist vor seinem Tod im Jahr 1987 geschaffen hat.

Links oben: Erste Ausführungen der Museum Watch von Movado mit mechanischem Werk.

Links unten: Heutige Ausführung der Museum Watch von Movado.

Uhren haben Warhol seit je fasziniert, und so legte er sich eine rund 300 Stücke umfassende Sammlung zu. Vincent Fremont, der Leiter seines Studios, schreibt dazu: 'Richtig befaßt hat er sich mit Uhren erst ab Mitte der siebziger Jahre. Er kannte sich recht gut aus, hielt stets Ausschau, kaufte. In den Auktionshäusern kannte man ihn gut. Gesammelt hat er alles von kitschigen billigen Kinderuhren bis zu sehr teuren hochwertigen Exemplaren. Wenn ihm etwas gefiel, dann wollte er es gleich vielfach haben.'

Durch Gerry Grinberg, den Präsidenten der mit Movado verbundenen North American Watch Corporation, war Andy Warhol mit der Schweizer Firma in Kontakt gekommen. 1981 schlug Grinberg dem Künstler vor, Entwürfe für ein limitiertes Uhren-Sondermodell zu schaffen. Warhol war sofort Feuer und Flamme, rührte aber keinen Finger. Es war nicht seine Art, Projekte Hals über Kopf in Angriff zu nehmen. Als er jedoch zufällig irgendwo fünf Uhren sah, die zu einer Art von Armband zusammengebunden waren, kam ihm die zündende Idee für einen originellen Entwurf, und er besprach die Sache mit Grinberg.

Als nächstes befaßte er sich mit Form und Gestaltung des Zifferblatts. Eine Bemalung verwarf er. Schließlich entschied er sich für eine Art Uhrenarmband mit fünf Zifferblättern, die er mit Fotografien zu schmücken gedachte. Rund sechs Wochen vor seinem Tod zeigte er Grinberg einige eigenwillige Aufnahmen der City von New York mit der Bemerkung, daß er solche ausgefallenen Fotos für die Uhr verwenden wolle. Seine endgültige Bildauswahl und sein Design für die Times/5 wurden nach Warhols Tod in einem Umschlag gefunden.

OMEGA

Am 21. Juli 1969, um 3.56 Uhr MEZ, ist Omega auf dem Mond gelandet. Die Omega Speedmaster Professional, die Neil Armstrong, der erste Mensch auf dem Mond, getragen hat, als er seinen Fuß auf den Boden des Erdtrabanten setzte, ist noch heute der offizielle Chronograph aller NASA-Astronauten.

Omega nimmt auch die Zeit, wenn Spitzensportler Geschwindigkeitsrekorde brechen. Seit 1932 ist Omega offizieller Zeitnehmer bei allen Olympischen Spielen – eine angemessene Auszeichnung für eine Firma, deren griechischer Name das Letzte und Höchste symbolisiert.

Seamaster Professional von Omega, wassergeschützt bis 200 m, Drehring für Tauchzeit bis 60 Minuten, in drei Größen erhältlich.

Bei epochalen Ereignissen ist Omega häufig mit von der Partie. Diese Tatsache hat Kunden wie den Pariser Modezar Christian Lacroix beeindruckt. In neuer Zeit ist Omega freilich bemüht, seine fünf Top-Kollektionen im Armbanduhrenmarkt der gehobenen Mittelklasse anzusiedeln und sich nicht mehr auf den Luxussektor zu beschränken. Die Mehrzahl der Modelle der Kollektionen Art, Symbol, Constellation, Seamaster und Speedmaster kostet derzeit zwischen 750 und 2500 DM.

Omegas heutige Uhrenmanufaktur ist aus einer 1848 von Louis Brandt in La Chaux-de-Fonds gegründeten Werkstatt hervorgegangen, in der Präzisions-Taschenuhren mit Schlüsselaufzug hergestellt wurden; diese Uhren fanden in ganz Europa guten Absatz. 1877 gründete er mit seinem ältesten Sohn Louis-Paul die Firma Louis Brandt et Fils, und 1880 verlegten Louis-Paul und sein Bruder César den Firmensitz nach Biel. Dort standen genügend gut ausgebildete Uhrmacher zur Verfügung, und so gingen die Brüder Brandt dazu über, alle Teile für ihre Uhren im eigenen Haus zu fertigen. Nach 1880 wurden die ersten Produkte unter eigenen Produktnamen auf den Markt gebracht, darunter ein neuentwickeltes Zylinderwerk. Daß das Marketing der damaligen Schweizer Uhrenindustrie ziemlich provinziell war, verraten die durchwegs auf das eigene Land bezogenen Markennamen wie Jura, Helvetia, Patria und Gürzelen.

Die Firma nahm einen raschen Aufschwung. Nach zehn Jahren hatte sie bereits 600 Beschäftigte und eine Jahresproduktion von 100 000 Uhren – weit mehr als viele Schweizer Firmen heute herstellen. Die Brandts führten in Biel industrielle Fertigungsmethoden ein, die nach Normung der Teile eine Art von 'Fließbandsystem' ermöglichten.

Mit diesem neuen Produktionsverfahren stellte die Firma 1894 ihre berühmte Omega-Uhr mit 19-Linien-Kaliber her, die 1896 bei der Schweizer Nationalmesse in Genf mit einer Goldmedaille ausgezeichnet wurde. Der Name Omega war dem Bankier der Firma, Henri Rieckel, eingefallen: Er sollte zum Ausdruck bringen, daß diese Uhr eine Art Schlußpunkt der Uhrentechnologie sei.

Die ganggenaue und vor allem preisgünstige Uhr wurde zu einem Riesenerfolg, der sich auf den Namen der Firma auswirkte. Aus Louis Brandt & Frère (seit 1891) wurde im Jahr 1903 Louis Brandt & Frère – Omega Watch Co., dann 1947 Omega, Louis Brandt & Frère und schließlich 1982 nur noch Omega.

Die erste Omega-Armbanduhr wurde 1902 auf den Markt gebracht. 1917 und 1918 statteten das British Royal Flying Corps und das amerikanische Heer ihre kämpfenden Einheiten mit Omega-Uhren aus, und auch im Zweiten Weltkrieg orderte die englische Regierung wassergeschützte Armbanduhren in Stahlgehäusen für das fliegende Personal der Royal Air Force. Diese Uhren wurden als Omega Seamaster nach 1948 für den zivilen Markt weiterentwickelt.

OMEGA
Seamaster
PROFESSIONAL
200 M
OMEGA
Seamaster
PROFESSIONAL
200 M
OMEGA
Seamaster
PROFESSIONAL
200 M

OMEGA

Was die offiziellen Ganggenauigkeitsprüfungen der Uhren angeht, so ist Omega unbestritten Rekordhalter. Beim Präzisionswettbewerb für Armbanduhren, den die Observatorien von Genf und Neuchâtel 1963 veranstalteten, standen Omega-Uhren in jeder Kategorie an erster Stelle, und das war noch keiner anderen Firma je gelungen. Um diese Zeit sahen sich Vertreter der NASA nach einer zuverlässigen Armbanduhr um, mit der sie die Astronauten der Gemini- und Apollo-Missionen ausstatten wollten. Anonym erwarben sie in einem Fachgeschäft in Texas eine Handvoll hochwertiger Uhren, die in einem zweijährigen Testprogramm auf Herz und Nieren geprüft wurden. Nur die Speedmaster Professional konnte den gestellten hohen Ansprüchen gerecht werden.

Linke Seite: Constellation, Kalender-Chronometer von Omega, Stahl, Gold und Diamantbesatz.

Links: Omega-Damenarmbanduhr Symbol Classique, 18 Kt Gold.

1965 wurde die Speedmaster als offizieller NASA-Chronograph eingeführt. Als fünf Jahre später die Zeitmeßinstrumente der Apollo XIII durch eine Explosion zerstört wurden und gleichzeitig die Funkverbindung mit der Bodenstation abbrach, blieben den Astronauten nur noch ihre Armbanduhren, um den Zeitpunkt für die Zündung der Bremsraketen zu bestimmen; sie mußte auf die Zehntelsekunde genau erfolgen, um eine sichere Rückkehr zur Erde zu gewährleisten. Dies gelang dank der Speedmaster, und dafür wurde Omega einige Zeit später mit dem Snoopy Award ausgezeichnet, der höchsten Ehrung, die die NASA zu vergeben hat.

Seither ist die 1956 als hochwertige Sportuhr geschaffene Speedmaster Professional allgemein als 'Monduhr' bekannt. Für Sammler gibt es ein Sondermodell aus massivem Gold (18 Kt) mit verglastem Boden, der einen Rückblick in die Geschichte gewährt. Zur Erinnerung an die erste Mondlandung eines Menschen trägt die Platine die eingravierte Beschriftung 'First watch worn on the moon – Apollo XI 1969'.

In den vergangenen Jahrzehnten hat Omega eine Reihe von technischen und stilistischen Meisterwerken auf den Markt gebracht. 1969 wurde die Omega Dynamic vorgestellt, eine Uhr in charakteristischem elliptischem Gehäuse mit neuartigem, elegantem Zifferblatt und Armband und Zeiger in kontrastierenden Farben. Ein Jahr später zeigte Omega in Basel Prototypen der bahnbrechenden Megaquartz 2400. Diese ab 1974 ausgelieferte Uhr war die erste mit hochfrequentem Schwingquarz (2,4 MHz), der eine gegenüber dem herkömmlichen Quarzkaliber um das Zehnfache verbesserte Ganggenauigkeit gewährleistet. Das Modell mit dem Kaliber 1511 ist als einzige Armbanduhr, die sich in den Observatoriumstests als Marinechronometer qualifizieren konnte, einsame Spitze. Wer häufig fliegt, hat an der Megaquartz 2400 seine Freude, ermöglicht doch das TSA-System (time zone and second adjustment) die Umstellung auf eine andere Zonenzeit ohne die geringste Beeinträchtigung des Minuten- und Sekundengangs.

Zum Renner bei einem modebewußten Publikum wurde die 1980 in den Handel gebrachte Magic-Kollektion. In das rechteckige Gehäuse ist ein vollkom-

Rechts: Superflache Herrenarmbanduhr De Ville von Omega, Stahl und Goldplaqué.

men durchsichtiges Zifferblatt eingepaßt, auf dem zwei 'flottierende' goldene Zeiger ohne jede erkennbare Befestigungsvorrichtung die Zeit weisen. Wenn man der Versuchung widersteht, das Gehäuse öffnen zu lassen, kann man unmöglich erkennen, wie die Zeiger in Bewegung gehalten werden. Für Sammler gibt es ein Sondermodell der Kollektion, das statt 1,48 mm nur 1,35 mm hoch ist. Wer gern seiner Zeit doppelt sicher ist, sollte sich für die Equinoxe mit Doppelanzeige entscheiden, die einzige Wende-Armbanduhr mit Analoganzeige auf der einen und digitaler LCD-Anzeige auf der anderen Seite. Obendrein ist sie mit Stoppuhrfunktionen und einem Weckerwerk ausgestattet.

Am meisten Anklang findet derzeit die 1952 eingeführte und 1982 umgestylte Constellation-Linie. Es gibt eine Vielzahl von Modellen, die alle durch die vier Bügel gekennzeichnet sind, die bei der '9' und der '3' die Lünette umfassen. Die meisten Herrenmodelle haben Hilfszifferblätter für Tages- und Datumsanzeige und als Teilung große römische Zahlen, die in die Lünette eingraviert sind. Für Damen sind die Modelle C29 und C40 mit diamantenbesetzter Lünette eine reizvolle Alternative. Es gibt die Uhren aus Gold (18 Kt), Stahl oder Gold und Stahl kombiniert mit integriertem Metall- oder Lederband. Sämtliche Modelle sind wassergeschützt, und manche (C36, C37 und C38) haben verglaste Böden, wie sie sich bei mechanischen Uhren mehr und mehr durchsetzen. Wer sein Geld in etwas Exklusivem anlegen möchte, hat die Wahl unter einigen Top-Modellen, deren Zifferblätter aus Onyx, Perlmutt oder Lapislazuli geschaffen sind (C31, C32 und C33).

Mehr auf eine männliche Käuferschicht abgestimmt ist die Seamaster-Kollektion, die in erster Linie Freunde des Tauch- und Wassersports ansprechen soll. Diese massive, ungemein sachliche Uhr ist aus Titan gefertigt, einem Metall des Raumfahrt-Zeitalters, das ebenso stabil, kratzfest und korrosionsbeständig ist wie Stahl, aber nur halb soviel wiegt.

Der große Erfolg so hochtechnischer und ausgesprochen männlicher Uhren wie der Speedmaster und der Seamaster sollte nicht vergessen machen, daß Omega auch mit Damen- und Schmuckuhren Triumphe gefeiert hat. Die Zusammenarbeit mit führenden Designern wie Gilbert Albert, Luigi Vignando und

Rechte Seite von oben nach unten: Omega-Automatikuhr in Stahlgehäuse. Constellation-Kalenderuhr von Omega, bei der '9' Wochentags-, bei der '3' Datumsanzeige. Die Speedmaster Professional von Omega, 1964 von der NASA als offizielle Armbanduhr bestimmt und von Neil Armstrong bei der Landung auf dem Mond getragen; mechanisches Handaufzugswerk und Tachymeterring.

OMEGA

Frühe Constellation Megaquarz von Omega, Stahl, Datumsfenster bei der '6'.

Andrew Grima hat der Firma zahlreiche Preise für hervorragendes Styling eingebracht. Eine ganze Reihe von Auszeichnungen gab es in den siebziger Jahren, so 1975 und 1976 Preise der Stadt Genf für Uhren mit digitaler LED-Anzeige und mehrere Baden-Badener 'Goldene Rosen' für Armbanduhren von Luigi Vignando. Die von ihm entworfenen Modelle Ramses II (1970), Salammbo (1971), Osiris (1977) und Structura (1978) sind Klassiker für alle Sammler signierter juwelenbesetzter Schmuckuhren.

Hervorragend gestaltet sind auch die Modelle der 1987 eingeführten Kollektionen Art und Symbol. Art-Modelle gibt es nur in limitierter Auflage; sie tragen auf der Rückseite Originaldekor von Max Bill, Richard P. Lohse und Paul Talman, Miniaturkunstwerke, die dem Thema 'Zeiteinteilung' gewidmet und in einem geometrischen Stil gehalten sind. Diese sehr farbenfrohen Dekors bilden einen starken Kontrast zu dem schwarz-weißen Zifferblatt, auf dem nur der Firmenname, die Datumsindikation und schwarze Stabzeiger zu sehen sind. Jede Uhr ist als echtes Unikat auf der Rückseite signiert und numeriert.

Mit der Symbol-Kollektion, deren Design auf den Themen Sonne und Jin/Jang basiert, ist Omega in metaphysische Gefilde vorgestoßen. Bei allen Modellen der Serie hat man die Wahl zwischen mehr-, zwei- oder einfarbigen Zifferblättern, wassergeschützten Gehäusen aus 18karätigem Gold oder Zweifarbgold mit Metall- oder Lederbändern. Quarzkaliber und kratzfestes Saphirglas sind allen Uhren gemeinsam. Ins Auge fällt vor allem das Zifferblatt. Ein wenig ungewöhnlich ist das aus China stammende Jin/Jang-Symbol, ein Kreis mit dunkler und heller Hälfte, wobei das dunkle Jin die Erde und das weibliche Prinzip, das helle Jang den Himmel und das männliche Prinzip symbolisiert.

Ob Ihnen der Sinn nach Beruf, Sport oder Kultur steht, bei Omega finden Sie für alles die passende Uhr. Die Kollektionen Art, Symbol, Seamaster, Speedmaster und Constellation umfassen rund 120 Modelle; sie machen weltweit über zwei Drittel des Omega-Umsatzes aus. Insgesamt sind von den vor 1985 geführten 1000 Modellen nur etwa 250 übriggeblieben, eine Programmstraffung, die angesichts eines immer härter werdenden Kampfes um Marktanteile sehr sinnvoll ist.

PATEK PHILIPPE

Was haben die Königin Viktoria, Walt Disney und Albert Einstein gemeinsam? Sie haben neben vielen anderen prominenten Persönlichkeiten eine Uhr von Patek Philippe besessen. Die Firma, die 1989 ihr 150jähriges Jubiläum feiern konnte, gehört zu den renommiertesten Uhrenherstellern der Welt. Höchstmöglicher Standard war und ist ihr Motto.

Antoni Patek de Prawdzic wurde am 12. Juni 1812 in dem kleinen polnischen Städtchen Piaski geboren. 1831 nahm er am polnischen Aufstand gegen die Russen teil. Als die Erhebung ein Jahr später von Zar Nikolaus I. blutig niedergeschlagen wurde, mußte er wie viele seiner Landsleute fliehen und ging nach Frankreich, wo er als Schriftsetzer in Cahors und Amiens arbeitete. Dann übersiedelte er nach Genf, paßte den Namen seiner neuen französischsprechenden Heimat an, indem er sich fortan Antoine Norbert de Patek nannte, und begann ein Kunststudium bei dem Landschaftsmaler Alexandre Calame.

Irgendwann in diesen Jahren erwachte sein Interesse für die Uhrmacherei; er kaufte bei Meistern ihres Fachs erstklassige Qualitätswerke und montierte daraus Uhren. Um diese mit ebenso qualitätvollen Gehäusen ausstatten zu können, nahm er die Dienste von Goldschmieden, Kupferstechern, Emailmalern und Miniaturisten in Anspruch. 1839 tat er sich mit François Czapek zusammen, und gemeinsam gründeten sie die Firma Patek, Czapek & Co.

Auch François stammte aus Polen und hatte im polnischen Aufstand gegen die Russen gekämpft. Danach hatte er sich in Wien und Prag als Uhrmacher ausbilden lassen und war schließlich in Genf gelandet. Mit fünf bis sieben Mitarbeitern produzierten sie zunächst etwa 200 Taschenuhren jährlich. Einige dieser mit großer Sorgfalt gefertigten Kleinuhren waren mit Repetierwerken ausgestattet, und die meisten waren reich dekoriert. Vorwiegend typisch polnische Themen schmückten die Gehäuse-Rückseiten, vor allem die berühmten Madonnen von Tschenstochau und Ostrobrama. Jeder Uhr wurde in die Bodenplatine eine individuelle Fertigungsnummer eingraviert. Am 21. November 1839 produzierte die kleine Firma eine der ersten Taschenuhren mit Kronenaufzug anstelle des bis dahin allgemein üblichen Schlüsselaufzugs.

Aber Czapek erwies sich als ein problematischer Teilhaber, mit dem Patek nur schwer auskam. 1844 lernte er bei einer bedeutenden Pariser Warenmesse

Armbanduhr von Patek Philippe, rechteckiges Gehäuse, aufgesetzte goldene Stabteilungen, kleine Sekunde.

Linke Seite:
Diese fünf Armbanduhren von Patek Philippe wurden mit einer Rolex (dritte von rechts) am 25. Februar 1988 bei Sotheby's in London versteigert.

Jean-Adrien Philippe kennen, den Sohn eines französischen Uhrmachers, der sich seit Kindheit für den Beruf seines Vaters begeistert hatte. Nach einer Uhrmacherlehre in Le Havre und weiterer Ausbildung in London hatte er mit Hilfe eines staatlichen Kredits eine kleine Uhrenmanufaktur in Versailles gegründet. Alle seine Bemühungen galten einer ultraflachen Taschenuhr mit Kronenaufzug. Erfolglos bot er seine Erfindung mehreren Uhrenfabrikanten an, doch dann ging er mit ihr auf die Pariser Messe, wo er nicht nur eine Goldmedaille gewann, sondern auch seinem künftigen Geschäftspartner begegnete. Patek konnte sich von dem schwierigen Czapek gütlich trennen, und am 15. Mai des folgenden Jahres gründete er mit Philippe als technischem Leiter die Firma Patek & Co.

Oben:
Vier Patek-Philippe-Armbanduhren in verschieden geformten Gehäusen, die bei Sotheby's in London versteigert wurden.

Die industrielle Revolution des viktorianischen Zeitalters erfaßte rasch das ganze Wirtschaftsleben, und natürlich war auch die Uhrenfabrikation davon betroffen. Philippe erkannte den Zug der Zeit und ging unverzüglich daran, die Fertigungsverfahren zu modernisieren. Er erfand neue Werkzeugmaschinen und ließ sich 1845 den von ihm entwickelten Kronenaufzug patentieren.

1848 beschloß Patek, seiner Firma neue Märkte zu eröffnen, und unternahm zu diesem Zweck weite Reisen, die er freilich recht beschwerlich fand. So schrieb er beispielsweise im November 1854 an die Daheimgebliebenen: 'Meine lieben Freunde, jetzt beginnt die Mühsal meiner Reise. Wann werden wir endlich so weit sein, daß wir Uhren verkaufen und dann in aller Ruhe zu Hause auf die Kunden warten können, anstatt mit hohen Kosten und unter Gefährdung unserer Gesundheit mit unseren Produkten die ganze Welt bereisen zu müssen?' Patek war ein eifriger Briefeschreiber, und das Schreiben scheint ihm Spaß gemacht zu haben, denn 1863 verfaßte er ein Buch mit dem Titel 'Die schlüssellosen Taschenuhren, die ohne Schlüssel aufgezogen und gestellt werden', und daneben schrieb er regelmäßig Artikel zum Thema Uhren für das Journal de Genève.

Offiziell in Patek Philippe & Co umbenannt wurde die Firma 1851 in Aner-

Oben:
Goldene Armbanduhr von Patek Philippe aus den sechziger Jahren, quadratisches Gehäuse, Schätzpreis $3000-$4500.

Armbanduhr von Patek Philippe, rechteckiges Stahlgehäuse mit seitlicher Goldeinlage, Zifferblatt mit Stabteilungen und kleiner Sekunde. Bei der am 3. März 1989 abgehaltenen Versteigerung von Christie's in London erreichte sie fast den Schätzpreis von 3500 DM.

kennung der wichtigen Rolle, die Philippe spielte. Im gleichen Jahr feierte die Firma bei der Londoner Weltausstellung Triumphe, und bei diesem Anlaß erwarb Königin Viktoria eine Patek-Philippe-Anhängeruhr an einer mit 13 Diamanten besetzten Brosche aus 18karätigem Gold. Die Uhr in goldenem Gehäuse hatte einen blau emaillierten Klappdeckel mit eingraviertem Blumendekor und Diamantbesatz und war selbstverständlich mit Philippes patentiertem Kronenaufzug ausgestattet. Prinz Albert entschied sich für eine goldene Savonnette mit Viertelstundenrepetition, Kronenaufzug und Chronometerwerk. Seit dieser Zeit produzierte Patek Philippe & Co. für jede Messe, die die Firma beschickte, spezielle Uhrenmodelle.

Viele glauben, daß billige Raubkopien berühmter Marken ein moderner Mißstand seien – aber eine solche Produktpiraterie mußte Patek Philippe schon im Jahr 1885 entdecken, eine Taschenuhr mit der Signatur 'Pateck & Cie., Genève'. Verräterisch war das überflüssige 'c' im Firmennamen. Es kam zu einer Gerichtsverhandlung, die damit endete, daß die Betrügerfirma, Armand Schwob & Frère, den Gewinn aus dieser Fälschung, 15 000 Franken, an den Geschädigten abführen mußte. Außerdem wurde ihr untersagt, den Namen Patek in jedweder Schreibweise für eigene Produkte zu verwenden.

Als zu Beginn unseres Jahrhunderts Armbanduhren immer beliebter wurden, richtete man auch bei Patek Philippe die Aufmerksamkeit auf die Entwicklung neuer Maschinen und Modelle für den in Fachkreisen zunächst noch stark umstrittenen Uhrentyp. 1915 wurde eine Damenarmbanduhr aus Platin mit Fünfminutenrepetition hergestellt, aber nur als Einzelstück. Erst 1925 folgte eine Herrenarmbanduhr mit Minutenrepetition. Diese Uhr wurde in 40 verschiedenen Modellen bis 1962 ausgeliefert.

1925 kam die erste Armbanduhr mit ewigem Kalender heraus, deren Design an eine seit 1898 hergestellte Damentaschenuhr angelehnt war. Wegen Produktionsproblemen blieb sie nur kurz auf dem Markt; als wirtschaftlich rentabel erwies sich die Serienherstellung von Armbanduhren mit ewigem Kalender erst 1941. Das in diesem Jahr vorgestellte Modell (Nr. 1518) mit Stoppuhrfunktionen ist heute bei Sammlern sehr gefragt. Ein in Rotgold gefertigtes Exemplar dieser Serie erwarb 1957 der amerikanische Boxer Sugar Ray Robinson, doch wurde es ihm neun Monate später gestohlen. In den Büchern der Firma ist dies nachzulesen.

Der große Börsenkrach des Jahres 1929 erschütterte die Wirtschaft weltweit. Aber in den Jahren der Depression entstand einer der immerwährenden Klassiker der Firma, die Calatrava (Modell 96), eine Uhr von zeitloser Eleganz, die noch heute gefertigt wird. Zwar hat man stufenweise eine Reihe von technischen Verbesserungen durchgeführt, doch im Aussehen hat sich die Calatrava seit 1932 nicht verändert. Das Kreuz des spanischen Calatrava-Ritterordens ist zu einem anerkannten Patek-Philippe-Symbol geworden und findet sich auch auf den Modellen anderer – aber keineswegs aller – Kollektionen der Firma.

In den Jahren der Weltwirtschaftskrise mußte Patek Philippe erkennen, daß der Markt für Luxusartikel zusammengebrochen war. Das Betriebskapital wurde knapp, und so sah man sich gezwungen, die Aktienmehrheit der Fabrique de Cadrans Stern Frères zu überlassen, die schon seit langem Patek Philippe mit Kalibern beliefert hatte.

Jean Pfister, den die Brüder Stern 1932 zum neuen Geschäftsführer machten, traf eine historische Entscheidung: Fortan sollte Patek Philippe Kaliber in eigener Produktion herstellen, um nicht mehr von Zulieferern abhängig zu sein.

Rechte Seite: Seltene, 1961 gefertigte goldene Armbanduhr mit Minutenrepetition. Gegen Temperaturschwankungen und Gangabweichungen geschütztes damasziertes Nickelwerk mit Mikrometerregulierung, 29 Steine. Mattiertes Silberzifferblatt mit aufgesetzten Stabteilungen. Am 11. November 1986 bei Sotheby's in Genf für 132 000 Franken verkauft.

PATEK PHILIPPE
GENÈVE
SWISS

PATEK PHILIPPE
GENÈVE
MER
MAR
NEW-YORK
BUENOS-AIRES
MONTREAL
CHICAGO
MEXICO
CALIFORNIA
ALASKA
SINGAPORE
CALCUTTA
BOMBAY
SAB
NOV

Oben:
Goldene Herrenarmbanduhr von Patek Philippe.

Die Calatrava, die im gleichen Jahr auf den Markt kam, symbolisierte gleichsam den Wiederaufstieg der 'neuen' Firma, der zu den heutigen Gegebenheiten geführt hat.

Unter den vierzig Patenten, die Patek Philippe zwischen 1949 und 1979 in Bern registrieren ließ, sind drei von besonderer Bedeutung. 1949 wurde die Gyromax-Unruh patentiert, die nicht nur größere Ganggenauigkeit gewährleistete, sondern auch noch nach dem Einbau mühelos feinregulierbar ist. 1958 entwickelte die Firma eine neues Verfahren zur Befestigung der Spiralfeder am Unruhkloben. Ein Jahr später folgte ein neuer Mechanismus zum Einstellen von Zonenzeiten ohne Beeinträchtigung von Minuten- und Sekundengang. Auch weiterhin blieb die Entwicklungsabteilung nicht untätig. Das 1977 vorgestellte flachste Automatikkaliber (2,4 mm) ist noch heute in Produktion, und 1985 wurde dieses Werk durch ein Modul mit Ewiger-Kalender-Mechanik ergänzt, was die Höhe auf immer noch bescheidene 3,75 mm aufstockte.

Linke Seite:
Drei sehr unterschiedliche Armbanduhren von Patek Philippe, die am 25. Februar 1988 bei Sotheby's in London zur Versteigerung kamen.

Elemente der Technologie des 20. Jahrhunderts wie Massenproduktion, kurzlebige Modetrends und Wegwerfmentalität haben auf die hochgesteckten Firmengrundsätze von Patek Philippe keinen Einfluß gewinnen können. Täglich werden nur etwa fünfzig Uhren von einem Team von Meistern ihres Fachs mit liebevoller Sorgfalt hergestellt. Die für eine einzige Uhr aufgewandte Gesamtarbeitszeit kann zwischen neun Monaten und fünf Jahren liegen.

Beste Qualitätsarbeit ist für die Firma eine Selbstverständlichkeit. Uhrmachermeister, die neu eingestellt werden, müssen praktisch eine zweite Lehre durchmachen, und Feinmechaniker werden nur dann aufgenommen, wenn sie bereits mindestens acht Jahre lang in ihrem Beruf tätig waren. Die Emailleure der Firma gehören zu den besten ihres Fachs. Diese hochbegabten Künstler, die häufig mit Ein-Haar-Pinseln arbeiten, können das Uhrgehäuse mit jedem gewünschten Motiv bemalen – ein Service, den nur Patek Philippe ihren Kunden bietet. Erstrangig sind auch die Graveure und Goldschmiede, die beste Ausbildung, hohes Können und gewissenhafte Arbeit in sich vereinen. Infolgedessen sind alle Uhren der Firma letztlich in den Details Unikate, denn sie werden bis hinab zum letzten winzigen Schräubchen einzeln von Hand gefertigt.

Neben der bereits genannten 'klassischen' Calatrava verdienen noch andere Uhren Erwähnung. Die Golden Ellipse (1969) ist mit Hand- oder Automatik-

Links:
Diese schönen goldenen Armbanduhren von Patek Philippe stammen aus den dreißiger und vierziger Jahren. Die originellen Bandanstöße der links gezeigten Uhr haben bei der Versteigerung bei Christie's in London am 3. März 1989 fast eine Verdoppelung des Schätzpreises von DM 6000 bewirkt.

Rechts: Damenarmbanduhr von Patek Philippe, massives kissenförmiges Goldgehäuse.

aufzug und mit Quarzwerk lieferbar. Dem Design liegen die Proportionen des Goldenen Schnitts zugrunde, ein architektonisches Maß, das schon bei altgriechischen Tempeln und mittelalterlichen Kathedralen eine große Rolle spielte. Am beliebtesten ist das Modell mit blau-goldenem Zifferblatt, doch sind auch weiße, goldene und diamantenbesetze Zifferblätter lieferbar, und zusätzlich gibt es ein skelettiertes Modell mit sichtbarem mechanischem Werk. Die ersten Exemplare der Serie trugen auf dem Zifferblatt eine Krone mit dem Calvatara-Kreuz, die man jedoch später wegließ, da sie nicht zum Design paßte.

Für die Nautilus-Kollektion werden die Gehäuse aus einem Metallblock gearbeitet, aus Gold oder Edelstahl. Diese Uhren sind wassergeschützt, Damenuhren bis zu einer Tiefe von 60 m, Herrenuhren bis zu 120 m. Die meisten Mo-

Rechts: Zwei Armbanduhren und eine Frackuhr von Patek Philippe. Die Frackuhr (18 Kt Gold) ist ein 1945-50 gefertigter Chronograph mit vollständigem ewigem Kalendarium.

Goldene Armbanduhr von Patek Philippe mit ewigem Kalender.

delle sind mit Datumsanzeige und Saphirglasabdeckung ausgestattet. Mechanische Werke haben stets einen Automatikaufzug. Manche Nautilus-Modelle haben einfache Zifferblätter mit Strichteilung und einem Datumsfenster bei der '3', andere sind reich mit Diamanten und Smaragden besetzt.

1985 und 1987 wurden zwei multifunktionelle Uhren vorgestellt. Das Modell 3940 (1985) mit ewigem Kalender zeigt auch Mondphasen und Schaltjahr an und hat eine zusätzliche 24-Stunden-Anzeige. Mit nur 3.75 mm ist es die flachste Uhr dieser Art. Die erste Serie des Modells 3970 (1987) war bereits ausverkauft, noch ehe diese Chronographen mit ewigem Kalender, Schaltjahr- und 24-Stunden-Anzeige den Handel erreichten.

Als ungemein erfolgreich erwies sich die neue 3919 mit farbigem Porzellanzifferblatt und Clous-de-Paris-Lünette, eine Uhr von zeitloser Schlichtheit. Von ihr gibt es auch eine faszinierende skelettierte Version, die das zierliche komplexe Werk sehen läßt.

Auf Bestellung werden selbstverständlich auch Unikate nach speziellen Kundenwünschen gefertigt, beispielsweise schon 1927 für den amerikanischen Automobilkönig J.W. Packard. Er wollte den üblichen Wecker durch einen Mechanismus ersetzt haben, der das Lieblingslied seiner Mutter zum besten gab. Die Meister von Patek Philippe vermochten seinen Wunsch zu erfüllen, und so konnte Packard für 8300 Schweizerfranken anstelle des normalen Wecktons das Wiegenlied aus Godards Oper *Jocelyn* hören.

Anläßlich des 150. Firmenjubiläums veranstaltete das Genfer Auktionshaus Habsburg, Feldman eine exklusive Patek-Philippe-Versteigerung, bei der als letztes Los mit der Nummer 301 die eben fertiggestellte Kaliber 89 aufgerufen wurde. Erzielt wurden dafür 4,95 Millionen Schweizerfranken. In der Tat hat diese erstaunliche Taschenuhr die meisten Komplikationen, die die Firma je in eine ihrer Uhren eingebaut hat; insgesamt sind es 33.

Patek-Philippe-Uhren sind als Meisterstücke von höchster Qualität sehr teuer. Dennoch sind sie für Sammler eine lohnende Investition. So haben Uhren mit Minutenrepetition in wenigen Jahren Wertsteigerungen von bis zu 1000 Prozent erfahren, während es bei anderen Uhren im gleichen Zeitraum durchschnittlich nur etwa 100 Prozent waren.

Elegante Armbanduhr von Piaget mit zwei nebeneinandergestellten Zeitanzeigen, zwei Kronen und zwei Werken, signiert Piaget und Asprey.

PIAGET

Wie es dem Chef einer der exklusivsten Uhrenfirmen der Welt ansteht, verbringt Yves Piaget alljährlich mehr als 35 Nächte im Flugzeug. Und als prominenter Jet Setter mit einer Vorliebe für den Pferdesport stellt M. Piaget seine Kollektionen auch stets in einem stilgerechten Rahmen vor, beispielsweise in Saint-Tropez oder in Monte Carlo, und unter den handverlesenen Gästen, die beim Knall von Champagnerkorken bis in den Morgen hinein tanzen, tummelt sich internationale Prominenz wie Boris Becker, Gina Lollobrigida, Gunter Sachs und Sammy Davis jr. Dieses Ambiente entspricht dem Firmenprinzip: Piaget will Uhren an Reiche und Berühmtheiten verkaufen.

Der stete Aufstieg von Piaget, einer Firma, die man in der Welt der Uhrenfabrikation fast als Nachzügler bezeichnen könnte, da sie erst verhältnismäßig spät auf den Plan trat, hat etwas Märchenhaftes an sich, und märchenhaft ist auch der Name des Jura-Dorfes, in dem alles in einem kleinen Bauernhaus begonnen hat: La Côte aux Fées (Feen-Hang). Dort lebte um die Mitte des 19. Jahrhunderts ein Bauer namens Georges Piaget, der sich im Sommer durch harte Feldarbeit ein karges Einkommen errackerte, das er in den langen Wintermonaten durch Heimarbeit für Uhrenhersteller aufbesserte. 1874 richtete er eine kleine Werkstatt ein, in der er mit seiner Familie (er hatte 14 Kinder) Rohwerke für verschiedene Auftraggeber fertigte; seine Landwirtschaft behielt er zunächst bei. Im Laufe der Jahre brachte ihm aber die Uhrmacherei so viel ein, daß sie die Familie ernähren konnte. Nur vereinzelt bot er auf heimischen Märkten fertige Uhren mit dem Namen 'Piaget & Co.' auf dem Zifferblatt an; eine ordnungsgemäß eingetragene Firma hatte er nicht gegründet.

Seine Nachfahren eröffneten 1960 in Genf eine Bijouterie (die Uhrwerke wurden damals und werden noch heute in La Côte aux Fées hergestellt), 1961 wurde im deutschen Offenbach die erste Auslandszweigstelle eingerichtet, und 1964 erwarb Piaget die Aktienmehrheit an der renommierten, aber in Schwierigkeiten geratenen Schweizer Uhrenfirma Baume & Mercier.

Seit je konzentriert sich Piaget auf exquisite Schmuckuhren, und bis Mitte der achtziger Jahre machten Damenuhren mehr als 70 Prozent der Gesamtproduktion aus. Die Firma beschäftigt mehr Goldschmiede als Uhrmacher, was nicht verwundert, wenn man sich das Programm ansieht, in dem mit Hunderten von Diamanten, Rubinen und Saphiren besetzte Abenduhren eine wesentliche Rolle spielen. Dazu gibt es passenden Hals-, Ohr- und Fingerschmuck - Piaget ist ebenso gut im Bijouterie - wie im Uhrengeschäft vertreten.

In der Produktion von edel- und schmucksteinbesetzten Zifferblättern ist Piaget führend. Dazu werden nicht nur Diamanten und Rubine verarbeitet, sondern auch Korallen, Onyx, Perlmutt, Opal und Lapislazuli, mit denen sich interessante und stilvolle Effekte erzielen lassen. Die Diamond Heart ist mit insgesamt 132 Steinen besetzt, vor allem auf dem Zifferblatt, aber auch auf dem Armband, und 18 große Diamanten schmücken die herzförmige Lünette. Das Design ist verhältnismäßig konservativ, wenn man dieses Wort beim Anblick solch blendender Pracht überhaupt verwenden kann. Im Vergleich damit wirkt die nicht minder prächtige Galaxy mit schwarzem Onyx-Zifferblatt und diamantenstrotzendem Goldgehäuse und Goldarmband stromlinienförmig und supermodern.

Als Bijouterie-Designer versteht Piaget es vorzüglich, Uhr und Armband zu

Herrenarmbanduhr von Piaget, Quarzkaliber, Weiß- und Gelbgold (18 Kt) mit über dem Tonneau-Gehäuse fortgeführter Streifung, integriertes Band.

integrieren. Schon früh erkannte man, daß bei einer Schmuckuhr dem Armband gleiche Aufmerksamkeit geschenkt werden muß wie der Uhr; bei manchen Modellen, so bei der berühmten Polo, ist die Uhr so geschickt in das Armband eingearbeitet, daß man auf den ersten Blick nur ein massives goldenes Armband erkennt, das sich erst bei genauem Hinsehen als Uhrträger entpuppt. Das entspricht auch der Devise von Yves Piaget: 'Auf einer Piaget liest man nicht die Zeit ab – man bewundert sie!'

Die erstmals 1980 vorgestellte Polo erwies sich als ein 'Longseller'. Als unverwechselbare Sportuhr mit quer über Gehäuse und Armband verlaufenden goldenen Streifen – ein viel imitiertes Design – fand sie sofort großen Anklang. Die wassergeschützte Uhr ist heute in vielen Ausführungen lieferbar, mit Diamantenbesatz, mit Zifferblättern aus Gold oder Schmucksteinen, mit runder Diamantenlünette oder mit ewigem Kalender. Ähnlich maskulin ist die vielleicht durch den Erfolg der Polo inspirierte Chukka mit massivem Goldarmband. Immer noch ein Bestseller ist die klassisch zeitlose Diplomat von 1965 mit rechteckigem, an den Ecken abgerundetem Gehäuse und über die Uhr verlaufenden feinen guillochierten Linien. Von dieser Uhr gibt es jetzt eine elegante Damenversion mit Quarzkaliber und gold-brauner Querstreifung.

Etwa ein Drittel der aktuellen Produktion machen Uhren mit mechanischem Werk aus; der Anteil der ausgesprochenen Schmuckuhren ist wegen der wachsenden Beliebtheit von sportlichen Alltagsuhren (zu denen die neue Dancer gehört) leicht zurückgegangen. Jährlich verlassen nur zwischen 12 000 und 14 000 Uhren das Werk, so daß man sich bei neuen Kreationen auf den jeweils im Trend liegenden Stil einstellen kann. Ein Beispiel hierfür ist eine der jüngsten Schöpfungen, die Schmuckuhr L'Aura, bei der man fast nur Diamanten und Edelsteine sieht. Solche Uhren sind Kunstwerke, die zu gesuchten Sammelobjekten werden können.

RAYMOND WEIL

Raymond Weil ist die jüngste der Uhrenfirmen in unserer Übersicht. Nach zwanzigjähriger Tätigkeit im Uhrengewerbe machte sich Weil 1976 zusammen mit Mme Simone Bedat in Les Brenets, einem Dorf südwestlich von La Chaux-de-Fonds, selbständig.

Daß Weil ein Musikfreund ist, zeigen schon die ausgefallenen Namen seiner Kollektionen, die allesamt aus der Welt der Musik stammen (z.B. Fidelio, Othello und Amadeus). Die qualitätvolle Modeuhr war der Marktsektor, für den er sich entschied, und es gelang ihm durch eine geschickte Marketingstrategie mit gezielter Werbung, Sponsoring und Sonderaktionen, sich auf diesem Sektor zu etablieren. Ältere Firmen haben mit Interesse und vielleicht auch mit etwas Neid seinen Aufstieg verfolgt, der sich in den wachsenden Jahresumsätzen spiegelt. Seine Uhren kosten zwischen 250 und knapp 3000 DM. Weil stellt selbst keine Uhren her, steht aber in engstem Kontakt mit den Zulieferern,von denen viele fast ausschließlich für ihn arbeiten.

Rechts oben:
Goldene Herren- und Damenarmbanduhr der Fidelio-Kollektion von Raymond Weil.

Uhren von Raymond Weil zeichnen sich durch eine höchst originelle Formgebung aus, zu der viele Anklänge an Sujets aus der Welt der Musik gehören. Ein Beispiel hierfür ist die 1888 vorgestellte Traviata-Kollektion. Hier finden wir über dem Zifferblatt eine stilisierte Stimmgabel, die die Lünette von der '6' bis zur '11' und '1' überspannt. In die so geschaffenen Flächen ist verschiedenfarbiges Glas in harmonisierenden Tönen eingelegt. Bei manchen Modellen dieser Serie ist das Glas farblos, dafür ist das Zifferblatt ganz oder teilweise mit Edelsteinen in Pavé-Fassung besetzt. Bei anderen Modellen sind oberer und untere Rand der Lünette durch einen asymmetrisch über das Zifferblatt gelegten Metallbügel verbunden. In pavé-gefüllte Zifferblätter sind von Hand 443 Steine eingesetzt. Ein Jahr zuvor, 1987, hatte Raymond Weil seine Othello-Kollektion mit acht verschiedenen Modellen auf den Markt gebracht, und auch diese modernen, verhältnismäßig schlichten und ultraflachen Uhren sind höchst originell. Die Lünette des Modells 126P hat einen schwarz-goldenen Aufsatz, der an einen stilisierten Turban erinnert – eine feinsinnige Anspielung auf Othello, den Mohr, dem die Kollektion ihren Namen verdankt.

Rechts:
Zwei Modelle der Traviata-Kollektion von Raymond Weil.

Rechts unten:
Zwei Ausführungen der Othello-Kollektion von Raymond Weil.

RAYMOND WEIL
GENEVE
Fidélio

RAYMOND WEIL
GENEVE
Othello

ROLEX

Am 24. November 1927 veröffentlichte die Daily Mail auf der ersten Seite eine ganzseitige Anzeige, in der die Rolex Oyster als 'größter Triumph in der Geschichte der Uhrmacherei' gepriesen wurde. 'Die Wunderuhr, die den Elementen zu trotzen vermag' hatte Unmögliches möglich gemacht. Eine junge Londoner Büroangestellte, Mercedes Glietze, hatte sie sieben Wochen früher während ihrer 15 Stunden und 15 Minuten dauernden Durchschwimmung des Ärmelkanals getragen, und die Uhr hatte dies nicht nur unbeschadet überstanden, sondern hinterher auch noch die präzise Zeit angezeigt. Heute, da wassergeschützte Uhren längst zur Selbstverständlichkeit geworden sind, kann man sich gar nicht mehr vorstellen, welches Aufsehen die Anzeige damals erregte. Vor fast siebzig Jahren bedeutete es die Erfüllung des Traumes eines Mannes namens Hans Wilsdorf.

Der gebürtige Bayer war mit fünf Jahren Vollwaise geworden und hatte früh lernen müssen, auf eigenen Füßen zu stehen. Als 24jähriger beschloß er, sich als Uhrenhersteller selbständig zu machen, nachdem er zuvor in La Chaux-de-Fonds und London eine gründliche Ausbildung genossen hatte. 1905 wurde in London die Firma Wilsdorf & Davies gegründet, die sich auf Nischen des Uhrenmarkts zu konzentrieren gedachte.

Von Anfang an hatte Wilsdorf beschlossen, sich einem Sektor zuzuwenden, der damals in Fachkreisen noch heftig umstritten war – der Armbanduhr. Um die Jahrhundertwende, als Taschenuhren noch ein Muß waren, wurden Träger von Armbanduhren als weibische Weichlinge belächelt. Aber abgesehen von Geschmacksfragen und Modeströmungen war man allgemein der Überzeugung, daß kleine Werke, wie sie für Armbanduhren erforderlich waren, weder ausreichend haltbar noch ganggenau seien und sich nicht zufriedenstellend gegen Staub und Feuchtigkeit abdichten ließen. Wilsdorf war anderer Meinung.

Als erstes gab er nach der Firmengründung bei Hermann Aegler im schweizerischen Biel die größte Bestellung für kleine Ankerwerke auf, die man bis dahin je verzeichnet hatte. Daraus fertigte er in Hunderten von verschiedenen Modellen 'Bracelet-Uhren', wie sie damals genannt wurden, und ließ sie auf den Märkten des Britischen Empires und des Fernen Ostens testen. Besonders großen Anklang fanden sie in Australien und Neuseeland. Auf eine Kollektion von silbernen Damen- und Herrenarmbanduhren folgten Modelle in Gold mit Lederbändern. Ab 1906 gab es auch das federnde Gliederband, das später zu einem Kennzeichen von Rolex-Uhren wurde.

Vertrieben wurden die Uhren damals noch unter dem Namen Wilsdorf & Davies, einer Firma, die in nur fünf Jahren in der englischen Uhrenproduktion eine führende Stellung errungen hatte. Seit Generationen hatten englische Uhrenfabrikanten und Importeure ihre Uhren unter eigenem Namen in den Handel gebracht. Wilsdorf hatte andere Vorstellungen. Er suchte für seine

Unten: Fünf frühe Modelle der Rolex Prince.

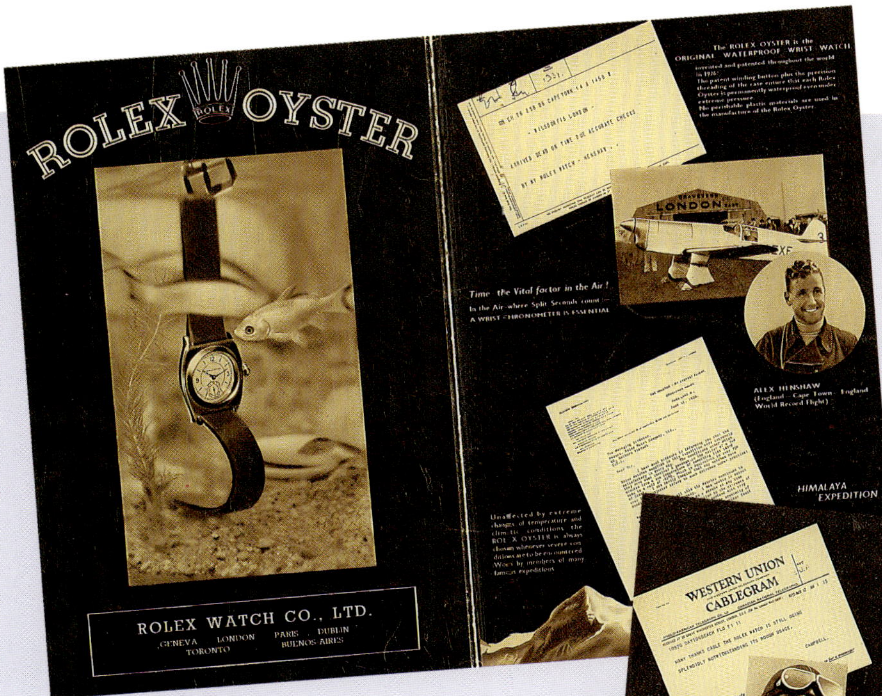

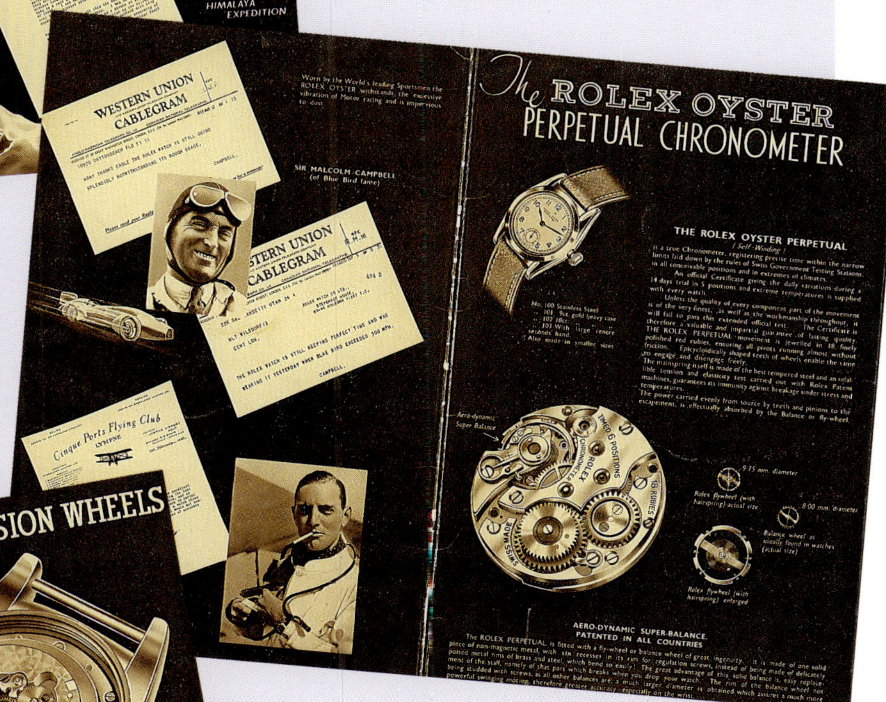

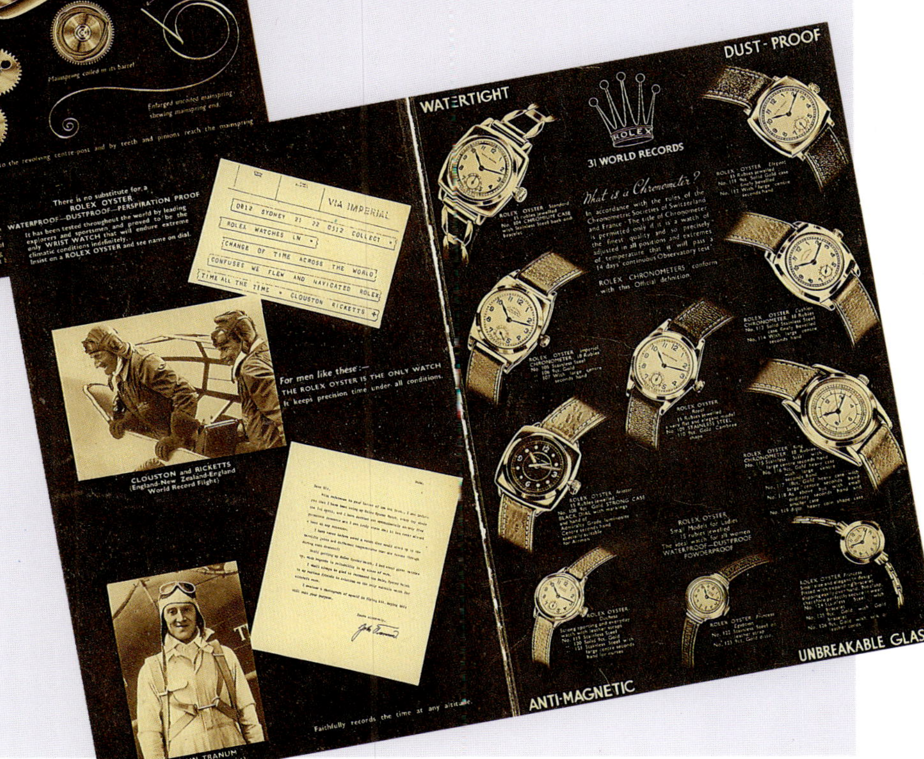

Eine um 1934 herausgegebene Werbebroschüre für die Rolex Oyster.

ROLEX PRINCE
SWISS MADE
ROLEX PRINCE CHRONOMETER
ROLEX PRINCE
SWISS MADE

ROLEX
PRINCE
SWISS MADE
ROLEX
ROLEX
PRINCE

Daily Mail

Rolex introduces for the first time the greatest Triumph in Watch-making

ROLEX 'OYSTER'

The Wonder Watch that Defies the Elements.

MOISTURE PROOF
WATER PROOF
HEAT PROOF
VIBRATION PROOF
COLD PROOF
DUST PROOF

BEING hermetically sealed the Rolex 'Oyster' is proof against changes of climate, dust, water, damp, heat, moisture, cold, sand or grease; it can, in consequence, be worn in the sea or bath without injury, nor would arctic or tropical conditions affect the wonderful precision of its beautifully poised movement. The introduction of the Rolex 'Oyster' model marks an unique development in the forward stride of the chronometric science, and perfect timekeeping under all conditions is at last a possibility.

Copyright by Pacific and Atlantic Photos, Ltd.

Miss Mercedes Gleitze carried an 'Oyster' throughout her recent Channel Swim. More than ten hours of submersion under the most trying conditions failed to harm its perfect timekeeping. No moisture had penetrated and not the slightest corrosion or condensation was revealed in the subsequent examination of the Watch.

A HANDSOMELY printed, fully informative Brochure illustrating the entire range of OYSTER Models available, together with the name of nearest jeweller stocking ROLEX Watches, sent post free to any reader who makes application by postcard or letter giving name and address to our London Office:

THE ROLEX WATCH CO. Ltd.
40/44, Holborn Viaduct, London, E.C.4.

Send for this coloured Brochure it's FREE!

ROLEX OYSTER PRICES

The Silver: £5.15.0
9-ct. Gold: £10.10.0
18-ct. Gold: £15.15.0

Fitted with good quality strong leather straps for Men, or Moire Silk bands for Women. If fitted with the fashionable new "FRAYPRUF" (read.) Woven Flexible Wire Milanese Gold-Filled Bands (White or Yellow) 20/- extra to above.

For MEN or WOMEN

THE ROLEX WATCH CO. LTD.

AUTHENTIC »BIRTHDAY« ANNOUNCEMENT OF THE
WATERPROOF WATCH
REPRINT FROM THE »DAILY MAIL« LONDON FRONT PAGE. THE ANNOUNCEMENT
DATED NOVEMBER THE 24 TH. 1927

Vorausgehende Doppelseite: Acht Exemplare der Rolex Prince in Gold- oder Zweifarbgehäuse, größtenteils mit integrierter Krone. Gut erhaltene Stücke sind sehr sammelnswert.

Uhren einen eigenen Markennamen, kurz, weltweit leicht auszusprechen und einprägsam. So kam er auf den Namen 'Rolex'.

Es dauerte viele Jahre, bis Handel und Kunden diesen Bruch mit einer altehrwürdigen Tradition akzeptierten. Deshalb tragen Rolex-Uhren aus der Zeit vor 1927 zum Teil die Signatur des Händlers und den neuen Markennamen, teils aber auch nur den Händlernamen allein.

Der 24. November 1927 war ein Meilenstein in der Firmengeschichte, nicht nur weil damals die erste wassergeschützte Armbanduhr einer breiten Öffentlichkeit vorgestellt wurde, sondern auch, weil von nun an der Name Rolex ein Begriff war.

Seit der Frühzeit der Uhrmacherei hatten Generationen von Uhrmachern viel Erfindungsreichtum darauf verwandt, die empfindlichen Werke zu schützen. Lange schien ein Schutz gegen die Einwirkung von Feuchtigkeit utopisch zu sein. Man hatte es schon mit allen möglichen Abdichtungen probiert, und 1891 hatte Borgel ein einteiliges Gehäuse entwickelt, das direkt mit dem Werk verschraubt wurde. Manche stellten in Frage, ob wasserdichte Armbanduhren überhaupt gebraucht würden.

Wilsdorf löste das Problem auf drei Ebenen. Er versah bei seinem erstmals 1926 in der Schweiz patentierten Gehäuse Gehäusering, Lünette und Boden mit eingeschnittenen Gewinden, so daß sie staub- und wasserdicht miteinander verschraubt werden konnten. In die Lünette wurde ein spezielles Kristallglas eingepaßt, das die Bildung von Kondensationswasser verhinderte. Entscheidend aber war das Problem der Abdichtung der Aufzugskrone, dessen Lösung Wilsdorf sich einen Monat nach dem Gehäuse patentieren ließ. Die Lösung bestand darin, in das Gehäuse ein Röhrchen mit Außengewinde einzupassen und die Aufzugskrone mit einem Innengewinde zu versehen, so daß beide absolut dicht miteinander verschraubt werden können. Zum Aufziehen und Stellen der Uhr muß die Krone aufgeschraubt werden, wobei die Aufzugswelle durch einen Federmechanismus in die richtiger Position gebracht wird. Auf

Oben links: Die Rolex-Oyster-Anzeige auf der Titelseite der 'Daily Mail' vom 24. November 1927.

Oben rechts: Die Rolex Oyster, eine der berühmtesten Uhren und ein begehrtes Sammelstück.

Oben:
Rolex Oyster Perpetual Submariner, Edelstahl.

diese Weise ist das Uhrwerk rundum zuverlässig abgedichtet. Im Prinzip wird dieses System auch noch bei der klassischen Rolex Oyster der aktuellen Produktion angewandt. Mit garantiertem Wasserschutz bis zu einer Tiefe von 100 m gibt es heute Modelle mit spezialhartem, kratzfestem synthetischem Saphirglas, und gemeinsam ist allen Modellen das traditionell stabile Gehäuse aus Edelstahl, Platin oder 18karätigem Gold. Wer in größere Tiefen tauchen will, kann zwei Modelle mit Triplock-Schutz wählen, die Submariner (300 m) und die Sea-Dweller 4000 (1220 m).

Nachdem er die wassergeschützte Armbanduhr verwirklicht hatte, konnte sich Wilsdorf dem Automatikaufzug zuwenden. Diesen hatte um die Mitte des 18. Jahrhunderts Abraham-Louis Perrelet im schweizerischen Le Locle erfunden, vervollkommnet hatte ihn der französische Meister-Uhrmacher Abraham-Louis Breguet, der unter dem Namen 'Perpetuelle' eine Automatikuhr auf den Markt brachte. Andere Uhrmacher hatten sich in der Folgezeit mit dem selbsttätigen Aufzug befaßt, aber ohne großen Erfolg. Wilsdorf übernahm das schon von Perrelet benutzte Rotorprinzip mit einer frei schwingenden Drehmasse, deren Energie zum Aufzug der Feder genutzt wird. Er vervollkommnete das System zum beidseits wirksamen Rotor, bei dem schon leichte Armbewegungen genügend Aufzugskraft liefern und eine besondere Einrichtung für konstante Federspannung und damit für Ganggenauigkeit sorgt.

Oben:
Rolex Oyster Perpetual GMT-Master.

Unten:
Vier weitere Rolex-Oyster-Modelle.

ROLEX

ROLEX

Oben:
Verschiedene Rolex-Uhren; von links nach rechts: zwei Rolex Oyster Perpetual Date/just, Rolex Oyster Perpetual Bubbleback, zwei Uhren mit Datumsanzeige.

Links oben:
Außen zwei goldene Rolex Prince mit integrierten Kronen, in der Mitte eine Rolex-Uhr in quadratischem Gehäuse mit Cabochon-Krone.

Links unten:
Andere Ausführungen der Rolex Prince.

Rolex brachte auch die ersten Uhren mit Zifferblattfenstern für die Datumsanzeige (Date/just) oder für Datums- und Wochentagsanzeige (Day-Date) heraus. Die zweitgenannte Anzeige, die in 26 Sprachen lieferbar ist, ist lediglich in Modelle aus Gold oder Platin eingebaut.

Nur gewissenhafteste Fertigung garantiert höchste Ganggenauigkeit – ein Versprechen, das mit jeder Rolex-Uhr gegeben wird. Jedes Chronometer-Zifferblatt (von insgesamt 41 Herrenmodellen der Oyster-Kollektion sind 37 Chronometer) trägt die Aufschrift 'Superlative Chronometer Officially Certified' und das rote Rolex-Siegel. Dies ist eine Garantie dafür, daß die Uhr nach den strengen Richtlinien der Contrôle Officiel Suisse des Chronomètres (C.O.S.C.) als Chronometer qualifiziert ist.

Die Serienproduktion von Chronometern wurde 1936 aufgenommen, nachdem für das Silberne Regierungsjubiläum von König Georg V. 500 Rolex-Chronometer bestellt worden waren. Der Auftrag wurde nicht nur in 146 Tagen abgewickelt, sondern man ließ auch jede Uhr vom Bieler Observatorium prüfen und mit einem A-Zertifikat für beste Ganggenauigkeit ausstatten.

Die verbürgte Qualität hat dafür gesorgt, daß Rolex technologisch stets an vorderster Front steht und viele ungewöhnliche Prominente unserer Zeit Rolex-Uhren trugen und tragen, so Sir Malcolm Campbell, der den Geschwindigkeitsrekord für Landfahrzeuge aufgestellt hat, der Weltreisende Tim Severin und der Tennisstar Chris Evert. Sir Edmund Hillary bezwang mit einer Rolex am Handgelenk 1953 erstmals den Mount Everest, und eine Rolex begleitete auch 25 Jahre später Reinhold Messner, als er den höchsten Berg der Erde ohne Sauerstoffhilfe bestieg. Die TransGlobe Expedition von Sir Ranulph Fiennes erprob-

ROLEX
PRINCE
CHRONOMETER
SWISS MADE

ROLEX
OYSTER PERPETUAL
CHRONOMETER
SWISS MADE

te die Rolex im Polareis, und Commex, die führende Tiefseetauch-Firma, stattet alle ihre Taucher mit Oyster-Uhren aus. Weniger bekannt ist vermutlich, daß Rolex auch eine Luxuskollektion anbietet. Sie heißt Cellini und ist nach Benvenuto Cellini benannt, dem berühmten italienischen Goldschmied und Bildhauer der Renaissance. Sie umfaßt etwa 80 Modelle aus Gelb- und Weißgold. Daß auch die Tudor-Uhren zu Rolex gehören, wird in der Werbung nicht erwähnt. Dieses Programm wurde vor mehr als vierzig Jahren aufgelegt, um auch auf dem Markt für preisgünstige Qualitätsuhren präsent zu sein. Daß diese Uhren von Rolex stammen, verraten die Oyster-Gehäuse, die Wochentags- und Datumsindikationen und der nach dem Rotorprinzip funktionierende Automatikaufzug.

Linke Seite:
Links eine Rolex Prince, rechts eine mit geschmackvoller Klarheit gestaltete Rolex Oyster Perpetual.

Bei beiden Kollektionen kann man unter Metall- und Lederarmbändern wählen. Bei der Oyster hat man diese Wahl nicht; hier gibt es nur Metallbänder. Diese sind bei der President-Kollektion bei Day-Date-Modellen aus Gold oder Platin, bei den Date/just-Modellen der Jubilee-Serie aus Gold, Edelstahl oder Gold und Stahl kombiniert, und ähnlich ist die Auswahl bei den klassischen Oyster-Modellen. Ihr hoher Qualitätsstandard hat Rolex-Uhren zu beliebten Sammelobjekten gemacht. Wäre Wilsdorf noch am Leben (er ist 1960 gestorben), wäre es für ihn sicherlich eine Genugtuung, in den Versteigerungskatalogen der größten internationalen Auktionshäuser zu sehen, daß seine Uhren es mit den Schöpfungen so illustrer Firmen wie Patek Philippe, Longines und Cartier durchaus aufnehmen können.

Rechts:
Roger Moore mit Rolex-Uhr als Agent 007 in einem James-Bond-Film.

ROLEX
ROLEX
ROLEX
ROLEX
DATEJUST
26

ROTARY

Die von Moise Dreyfuss im ausgehenden 19. Jahrhundert gegründete und noch immer im Familienbesitz befindliche Manufaktur in La Chaux-de-Fonds produziert seit mehr als hundert Jahren Uhren. Als Moises ältester Sohn Georges 1905 nach England ging, gründete er wenig später eine Londoner Filiale, zu der dann auch sein Bruder Sylvain stieß. Gemeinsam gelang es ihnen, die weltweite Nachfrage nach Rotary-Uhren so zu steigern, daß schließlich 1967 in La Chaux-de-Fonds ein neuer Fertigungsbetrieb erstellt werden konnte. In der Schweiz geblieben war der dritte von Moises Söhnen, René, der 1982 im Alter von 93 Jahren starb. Wenig später wurde die erlesene René-Dreyfuss-Kollektion handgefertigter mechanischer Uhren auf den Markt gebracht, darunter eine Armbanduhr in Goldplaqué mit Stunden- und Fünfminutenrepetition (MP 006). Sehr schön sind auch die etwas preisgünstigeren skelettierten Automatik-Armbanduhren in Goldplaqué (MP 008 und MP 009). Jede Uhr trägt eine individuelle Fertigungsnummer.

Linke Seite: Rolex-Armbanduhren sind bei fast jeder Versteigerung zu finden.

Diese Werbeaufnahme für Rotary-Uhren verrät, in welchem Maße das altetablierte Familienunternehmen der Tradition verpflichtet ist.

PR 100 von Tissot mit Zentralsekunde, rechts mit Datumsanzeige.

TISSOT

Die Schweizer Uhrenindustrie genießt seit zwei Jahrhunderten Weltgeltung, steht für Qualität, Präzision und Geschmack. Zu den bekanntesten Schweizer Firmen gehört Tissot, 1853 in Le Locle, wo die modernen Produktionsbetriebe noch heute angesiedelt sind, von Charles-Félicien Tissot und seinem Sohn Charles-Emile gegründet.

Charles-Emile hatte fünf Jahre lang in New York gearbeitet und dort moderne Vermarktungsmethoden kennengelernt, die er unverzüglich für die Uhren des Familienbetriebs einsetzte; die ersten wunderschönen Taschenuhren gingen übrigens in die Vereinigten Staaten. Offensichtlich ein geborener Handlungsreisender, machte sich Charles-Emile dann auf, um auch den aufnahmefähigen Markt des zaristischen Rußlands zu erschließen. Seine 52 Rußlandreisen waren von Erfolg gekrönt, denn bis zu Oktoberrevolution des Jahres 1917 war Rußland das Hauptabnahmeland für Tissot-Uhren.

Seit ihrer Gründung bis in die Gegenwart hinein waren und sind Originalität und modernste Technologie die wichtigsten Merkmale der Firma. Schon kurz nach der Jahrhundertwende brachte sie ein umfangreiches Armbanduhrensortiment auf den Markt; wegweisend als die erste ihrer Art war die antimagnetische Tissot-Uhr von 1930. Eine weitere Pionierleistung war die Navigator mit automatischem Aufzug und vollständigem Kalendarium (die neuesten Modelle mit Quarzkaliber und Analoganzeige weisen die Zeit in allen 24 Zeitzonen). Das Programm des Jahres 1958 führte nicht nur das einheitliche Kaliber ein, sondern auch ein Sortiment von Qualitätsuhren zu erschwinglichen Preisen – ein Geschäftsgrundsatz, dem Tissot treu geblieben ist.

In die neuentwickelte PR Sonor ist ein winziger Mikroprozessor eingebaut, der mit größter Präzision jeden Zeitzonenwechsel und eine Mehrfachprogrammierung des Timers erlaubt. Die Buchstaben PR stehen für 'proof': Tissots PR100-Kollektion ist wassergeschützt bis zu einer Tiefe von 100 m. Sie steht an der Spitze des traditionellen Angebots erschwinglicher klassischer Qualitätsuhren aus Stahl, Golddoublé oder in Zwei-Metall-Ausführung. Nach wie vor werden auch wunderschöne Taschenuhren produziert, die jetzt allerdings in der Mehrzahl mit Quarzwerken ausgestattet sind.

Tissots jüngste Neuerung ist die TwoTimer (1987), die mit modernster Technologie und Computerhilfe entwickelt wurde und mit computergesteuerten Werkzeugmaschinen gefertigt wird. Hierbei ist es gelungen, die Zahl der benötigten Einzelteile um zehn Prozent und die Produktionskosten um 30-35 Prozent zu senken. Bei der TwoTimer werden erstmals (bei einer Uhr aus Metall) Werk und Gehäuse in einem Teil hergestellt; gewöhnlich geschieht dies in zwei getrennten Produktionsgängen. Ein moderner Klassiker für Sammler ist die Uhr aus mehreren Gründen. Sie ist ein Symbol unserer datensüchtigen Zeit. So zeigt sie das Datum samt Wochentag (in Englisch, Französisch oder Spanisch) und die Zeit in jeder (programmierbaren) Zeitzone. Mit der Stoppuhr können Zeiten bis zu einer hundertstel Sekunde genommen werden; der Timer ist mit einer Countdown-Anzeige versehen, der Wecker läßt sich auf 24 Stunden vorausprogrammieren. Lieferbar sind derzeit neun Modelle, die alle bis zu 30 m wassergeschützt sind. Die Preise sind nach alter Tissot-Tradition durchaus erschwinglich.

Abgesehen von diesen technologischen Spitzenleistungen wurde die außergewöhnlichste und interessanteste Kollektion 1985 erstmals vorgestellt. Die RockWatch (der Name stammt von Dr. Ernst Thomke, dem Tissot-Chef, der

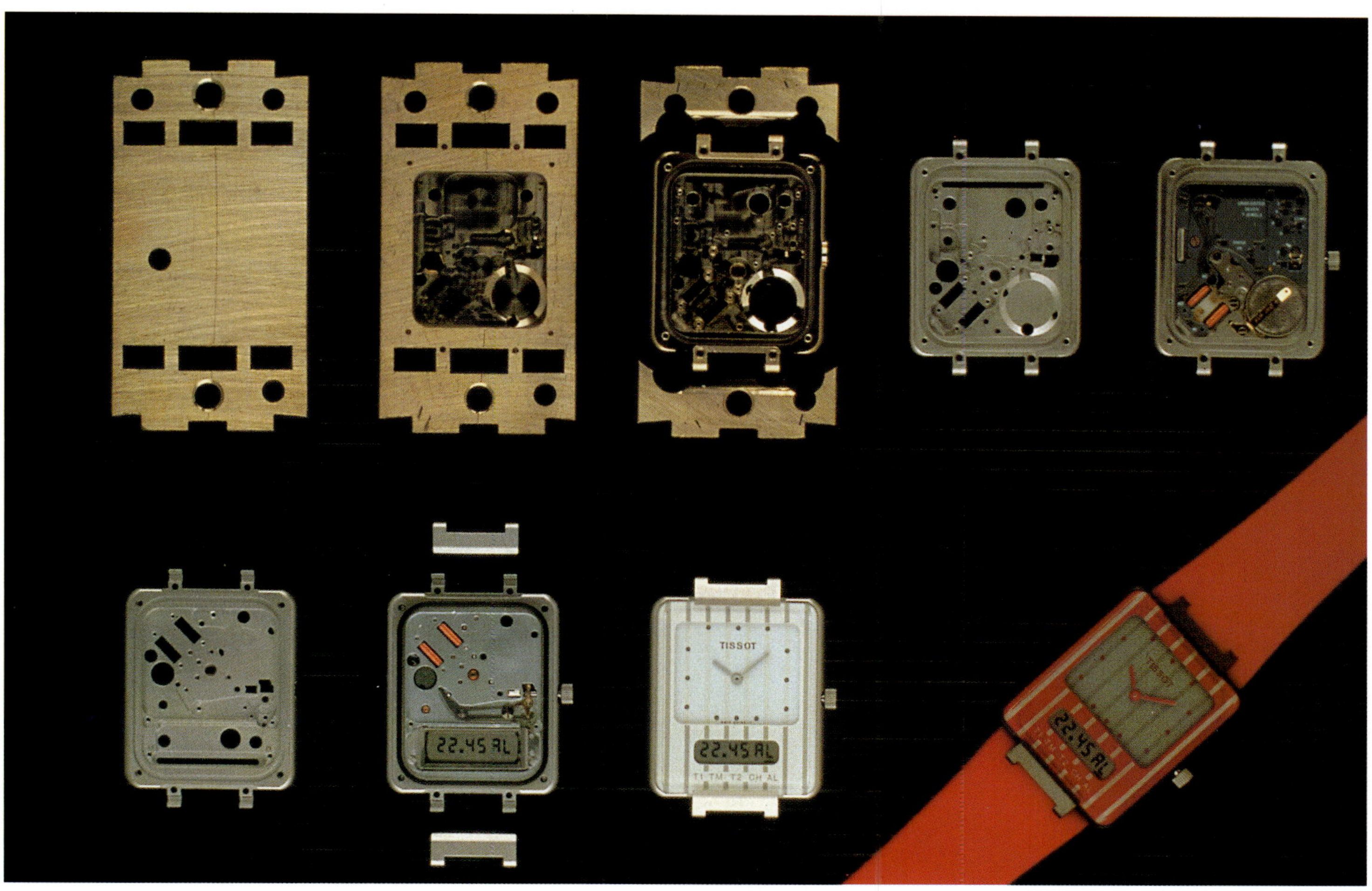

Die TwoTimer mit digitaler und analoger Anzeige wird in einem revolutionär neuen Verfahren hergestellt, bei dem das Werk voll ins Gehäuse integriert wird.

die Idee zu dieser Uhr hatte) ist insofern einzigartig, als das Gehäuse aus Millionen von Jahre altem Schweizer Granit gearbeitet ist, so daß keine zwei Uhren völlig identisch sind. Während die TwoTimer High-Tech-Eleganz repräsentiert, entspricht die RockWatch einem anderen weltweiten Trend unserer Zeit, dem neu erwachten Naturbewußtsein. Daß die Firma damit den richtigen Nerv getroffen hat, wird durch die Tatsache belegt, daß von dieser Uhr bislang schon mehr als eine Million Stück verkauft worden sind. Die Kollektion wurde um Gehäuse aus anderen 'Schätzen der Natur' erweitert – aus Schmucksteinen, Basalt, Perlmutt, Koralle und Muschelkalk.

Originell ist auch die 1988 herausgebrachte WoodWatch in schlichtem Gehäuse aus echt korsischem Bruyèreholz, aus dem traditionell Pfeifen hergestellt werden. Daß Tissot originelles Design und verläßliche Qualität für jedermann erschwinglich gemacht hat, steht außer Zweifel. Wir dürfen sicher sein, daß diese Firmenpolitik auch weiterhin verfolgt werden wird.

Das originelle Konzept hat der RockWatch von Tissot einen durchschlagenden Erfolg beschert.

ULYSSE NARDIN

Eine Spitzen-Armbanduhr von Ulysse Nardin, etwa die Planetarium Copernicus (1988), kostet rund 45 000 Schweizerfranken, das Limited-Edition-Modell dieser Uhr mit den sechs aus einem Meteoriten geschnittenen Planetenringen sogar noch sehr viel mehr. Interessenten für die Planetarium oder für die Astrolabium Galileo Galilei (1985) sind Menschen im Geiste der Sammler des 18. Jahrhunderts, die in ihren Kabinetten als Symbole von Wissenschaft, Kunst, Geschichte und Fortschritt Astrolabien, Taschen-Globen, Planetarien und andere wissenschaftliche Instrumente zusammentrugen.

Ansässig ist Ulysse Nardin in Le Locle, hoch oben im Neuenburger Jura. Dort etablierte 1774 Ulysses Großvater Jean-Léonard Nardin eine kleine Werkstatt, in der er haltbare Öfen und Wasserinstallationen herstellte. Sein Sohn Léonard-Frédéric (1792 geboren) erbte seine technische und manuelle Geschicklichkeit und wurde zum ersten Uhrmacher der Familie. Damit war der Weg vorgezeichnet für Ulysse Nardin (1823-1876), den Vertreter der dritten Generation. Ulysse gründete 1846 eine Uhrenfirma, die sich durch ihre ungemein ganggenauen und formschönen Taschenchronometer und Wecker rasch internationales Ansehen erwarb. Auszeichnungen häuften sich, darunter auch die begehrte Preismedaille der Weltausstellung 1862.

Die von Ulysse Nardin gesetzten hohen Maßstäbe wurden auch von seinem Sohn Paul-David respektiert, der ihm 1876 nachfolgte. Ihm verdankte die Firma ihre beste Zeit, gelang es ihm doch, sich als Lieferant von Marinechronometern höchster Präzision an internationale Reedereien weltweit einen Namen zu machen.

Nach dem Zweiten Weltkrieg spezialisierten sich Ulysses Nachfahren auf ultraflache Armbanduhren mit automatischem Aufzug, aber der in raschem Wandel befindliche, stets nach Neuem gierende Markt entglitt ihnen mehr und mehr. Als Navigationshilfe wurde der Marinechronometer durch Quarz- und Satellitentechnologie verdrängt, das in die Produkte der Firma investierte, durch Generationen erarbeitete technische Wissen und Können schien überlebt zu sein.

Vor dem drohenden Zusammenbruch wurde Ulysse Nardin 1983 durch Rolf W. Schnyder bewahrt, der für anderthalb Millionen Franken einen sechzigprozentigen Firmenanteil erwarb. Seither ist es ihm mit viel Geschick gelungen,

Die Astrolabium Galileo Galilei von Ulysse Nardin.

Die Planetarium Copernicus von Ulysse Nardin wird in limitierter Edition in nur 65 Exemplaren hergestellt.

das angeschlagene Image der Firma wiederherzustellen. Zunächst stieß er die von ihm übernommenen unverkäuflichen Lagerbestände ab und baute für die neuen Qualitätsarmbanduhren mit mechanischem Werk, die jetzt produziert wurden, ein stabiles Vertriebsnetz auf. Gleichzeitig hielt er Ausschau nach einer völlig neuen, alle Rekorde brechenden Armbanduhr, die die Konkurrenz in den Schatten stellen und die Zukunft der Firma sichern konnte.

Und genau das gelang ihm mit der Astrolabium Galileo Galilei, wie Kennern der Uhrengeschichte noch in Erinnerung sein mag. 1988 schaffte diese Uhr den Sprung auf den Einbanddeckel des *Guinness Book of Records*. Dieses Meisterwerk der Uhrentechnik, eine Huldigung für den Erfinder des Fernrohrs, wurde 1985 auf der Basler Messe erstmals der Öffentlichkeit vorgestellt. Es war die erste Armbanduhr der Welt, auf der sich außer der Tageszeit und dem Datum auch viele astronomische Indikationen ablesen ließen.

Zu den patentierten Neuerungen gehören ein epizyklischer Mechanismus, der die gleichzeitige Steuerung von sechs verschiedenen Indikationen auf einer einzigen Welle erlaubt, und ein der Stabilisierung des Werks dienendes spezielles Kugellagersystem auf engstem Raum. Der Stoßsicherung dienen Teile des Werks aus einer neuentwickelten Metallegierung, die nur ein Drittel des Gewichts des üblicherweise verwendeten Messings hat.

'Väter' der Astrolabium sind Rolf Schnyder und Dr. Ludwig Oechslin, der als Archäologe, Wissenschaftshistoriker und Restaurator das Konzept entwickelt hat. 1978 wurde Dr. Oechslin vom Vatikan beauftragt, die Farnesische Uhr zu restaurieren, eine prächtige, ungemein komplizierte astronomische Uhr aus dem 17. Jahrhundert, die damals schon seit mehr als 70 Jahren nicht mehr funktionierte. Nach gründlichen astronomischen, mathematischen, physikalischen, technischhistorischen und sogar philosophischen Vorstudien gelang es Dr. Oechslin, nach vier Jahren hinter die Geheimnisse der altehrwürdigen Uhr zu kommen.

Schnyder kam mit Dr. Oechslins Schaffen im Studio von Jörg Spöring in Kontakt, wo er ein 1 m großes Astrolabium sah, ein Instrument zur Winkelmessung an der Himmelssphäre, auf dem sich astronomische Erscheinungen ablesen lassen. Als Geschäftsmann mit gutem Riecher war sich Schnyder sofort darüber klar, daß eine astronomische Armbanduhr gute Marktchancen haben konnte. So verpflichtete er Dr. Oechslin als Mitarbeiter, und das ist er noch heute.

In anderthalb Jahren war ein Modell der Astrolabium entwikelt. Aber für einen Markt, in dem superflache Armbanduhren dominierten, war es zu unförmig, also mußte es zunächst noch flacher werden. Dazu holte man Urs Gyger, der die extrem flache Eterna-matic geschaffen hatte. Was dieser dann zusammen mit Dr. Oechslin verwirklicht hat, kann als ein Wunder der Feinmechanik bezeichnet werden. Das Werk der Astrolabium arbeitet so präzis, daß nach einer Computerberechnung sich bei der Gestirnspositionsanzeige erst nach überwältigenden 144 000 Jahren eine Gangabweichung von einem Tag ergeben kann.

Ulysse Nardin hat sich jedoch nicht auf den errungenen Lorbeeren ausgeruht. Heute produziert die Firma mit einer Jahresstückzahl von 3500 rund 40 verschiedene mechanische Modelle, unter denen Sammler und Investitoren die Wahl haben. Besonders interessant sind die Armbanduhren mit Minutenrepetition, weil nur wenige Firmen es verstehen, solche Uhren herzustellen. Unter ihnen nehmen die San Marco Automatons eine Sonderstellung ein Auf ihrem Zifferblatt sind in Miniatur die Jaquemarts vom Glockenturm auf dem Venediger Markusplatz zu sehen, zwei winzige Figürchen, die mit Hämmern auf einer Glocke Stunden, Viertelstunden und Minuten schlagen. Figuren, Glocke, Hämmer, Stabmarkierungen und Zeiger sind aus Gold (18 Kt) und heben sich gut vom wunderschön blau emaillierten Zifferblatt ab.

Der Traum eines jeden Armbanduhrensammlers ist zweifellos die Planetarium Copernicus, die 1988 im Luzerner Planetarium der Öffentlichkeit vorgestellt wurde. Als erste Armbanduhr der Welt gibt sie das ganze Sonnensystem mit den Planeten Merkur, Venus, Mars, Jupiter und Saturn wieder. Jedem Planeten ist eine Scheibe zugeordnet, und diese Scheiben werden unabhängig voneinander durch einen einfallsreichen, komplexen Mechanismus bewegt, den Dr. Oechslin und Bruno Erni, ein Ingenieur der ETA, gemeinsam entwickelt haben. Das weltweit patentierte Werk dieser Uhr besteht aus 213 Einzelteilen. Das Gangwerk der Uhr ist 3,6 mm, das des Planetariums 3,25 mm hoch. Zusammen mit Zifferblatt und Zeigerwerk ist die Uhr ganze 8,5 mm hoch. Wie bei der Astrolabium sind Teile des Werks aus einer besonders leichten Metallegierung gefertigt, was die Stoßfestigkeit erhöht. Ein einzigartiger Schlupfkupplungmechanismus verhindert, daß der Aufzugsmechanismus überspannt wird. Die Planetarium ist nicht nur ein technisches Meisterwerk, sondern auch eine sehr schön gestaltete Uhr. Gehäuse, Lünette und handgravierter Anzeigering auf dem Zifferblatt sind aus 18karätigem Gold, zu dem die dunkelblauen Planetenscheiben einen reizvollen Kontrast bilden; ein gewölbtes Saphirglas schützt Zifferblatt und Zeiger.

Für eine auf 65 Exemplare limitierte Sonderauflage der Planetarium wurde die Wiedergabe des Weltraums durch die Verarbeitung von Material aus dem Weltraum aufgewertet: Hier bestehen die Planetenscheiben aus Schliffen des Meteoriten, den der Admiral Peary 1897 auf dem York-Kap in Grönland entdeckt hat. Allerdings sind die meisten dieser Uhren für Museen bestimmt.

Die Planetarium Copernicus von Ulysse Nardin.

VACHERON & CONSTANTIN

Gegründet wurde die Uhrenmanufaktur 1755 im Genfer Stadtteil Saint-Gervais von Jean-Marc Vacheron (1731-1805), dem 1785 sein Sohn Abraham (gestorben 1833) nachfolgte. Um Aufträge einzuholen und neue Märkte zu erschließen, waren beide viel auf Reisen – in jenen unruhigen Zeiten oft eine ungemein beschwerliche Sache. Deshalb war Abrahams Sohn Jacques-Barthélemy froh, 1819 in François Constantin (1788-1854) einen Partner zu finden, der nicht nur ein tüchtiger Geschäftsmann war, sondern auch gern reiste, so daß er selbst zu Hause bleiben und sich besser um die Uhrenfabrikation kümmern konnte. Die gemeinsamen Bemühungen zeitigten bald Erfolge: Die neu entwickelten Uhren tauchten schon 1833 in den Schaufenstern exklusiver amerikanischer Geschäfte auf (1864 wurde in den USA eine Generalagentur eingerichtet), gelangten 1840 nach Rio de Janeiro und 1850 nach Indien.

Eine weichenstellende Entscheidung wurde im Juni 1839 getroffen: Vacheron und Constantin verpflichteten Georges-Auguste Leschot als technischen Leiter ihrer Manufaktur. Leschot wurde später als einer der Gründerväter der modernen Uhrenindustrie gefeiert, weil er durch die Einführung neuentwickelter Werkzeugmaschinen die traditionelle Heimarbeit ablösen konnte, die bis dahin für Teilefertigung und Remontage eine große Rolle gespielt hatte; gleichzeitig konnten dadurch die früher in zeitraubender und entsprechend teurer Handarbeit hergestellten Rohwerke und Kaliber bis zu einem gewissen Grad genormt werden. Damals wie heute lautete die Firmenpolitik: Produktion in

Eine Armbanduhr von Vacheron & Constantin in Zweifarbgold (18 Kt).

Rechts oben: Armbanduhren-Chronograph von Vacheron & Constantin, satiniertes Silberzifferblatt mit Telemeter- und Tachymeterring, aufgesetzten Teilungen ('6' und '12' römische Zahlen), Hilfszifferblätter für Sekundenzählung und Minutenspeicherung, Zentralsekunde.

Rechts unten: Chronometer von Vacheron & Constantin mit kleiner Sekundenanzeige und Fenstern für Wochentags- und Monatsanzeige.

Links Mitte: Armbanduhr von Vacheron & Constantin in quadratischem Goldgehäuse mit abgestuftem Rand, satiniertes Silberzifferblatt mit aufgesetzten Teilungen, kleine Sekunde.

Links: Seltene Armbanduhr von Vacheron & Constantin, Gold, gewölbtes Glas; von diesem Modell wurden Anfang der fünfziger Jahre nur dreißig Exemplare gefertigt.

kleinen Stückzahlen, aber von höchster Qualität. Typisch für Vacheron-Constantin-Uhren sind flache Werke und Formen von klassischer Eleganz, und dies war schon der Fall, als das Zeitalter der Armbanduhr heraufdämmerte.

Der Name der bereits angesehenen Firma tauchte erstmals – einem modischen Trend folgend – 1910 auf dem Zifferblatt einer Armbanduhr auf, zusammen mit dem Malteserkreuz, das schon seit 1880 als Firmenzeichen Taschenuhren schmückte. In der Form erinnert dieses Kreuz an das Zahnrad, das früher bei Uhren zur Begrenzung der Zugfeder-Antriebsmomente Verwendung fand. Im Ersten Weltkrieg produzierte die Firma Taschenuhren und Kompasse fürs Militär, aber nach Kriegsende wurden wieder erlesene Taschenuhren und in geringer Zahl auch Armbanduhren gefertigt.

Vacheron & Constantin hat außergewöhnliche Armbanduhren geschaffen. Das hundertjährige Firmenjubiläum wurde mit der Vorstellung der flachsten Armbanduhr der Welt gefeiert, deren Werk mit 20,8 mm Durchmesser auf fünf Brücken mehr als 60 Teile eingebaut hat, aber nur ganze 1,64 mm hoch ist. Eine Anwartschaft auf das Buch der Rekorde hatte bald auch die Kallista (griechisch, 'die Vorzügliche'), die damals teuerste Uhr der Welt, die in erster Linie wegen des Aufsehens, das der Preis weltweit erregen würde, Ende der siebziger Jahre produziert wurde. Das 140 g schwere Gehäuse und Band wurden aus massivem Gold gefertigt und nach dem Entwurf des Malers Raymond Morette mit 118 Diamanten im Smaragdschliff besetzt. Der Künstler gestaltete auch das unverwechselbare Markenzeichen und seine Signatur über den Zeigern. Die in rund 20 Monaten für die Fertigung dieser Uhr, die gleichzeitig ein einzigartiges Schmuckstück ist, aufgewandten 6000 Arbeitsstunden summierten sich zu einem Verkaufspreis von fünf Millionen Dollar.

Rechte Seite: Skelettierte Herrenarmbanduhren von Vacheron & Constantin in Gold und Platin, drei Hilfsanzeigen und Mondphasenindikation.

Derzeit kommen aus dem Genfer Haus nur etwa 6000 Uhren jährlich. Seit 1840 hat man sämtliche Entwürfe archiviert, und über Produktions- und Verkaufsdaten samt Werk- und Gehäusenummern wird genau Buch geführt. An den Grundsätzen ihrer Gründer hat die Firma trotz mancher Schwierigkeiten

Linke Seite: Armbanduhr von Vacheron & Constantin mit ungewöhnlichem zweifarbigem, teils guillochiertem Zifferblatt.

Links: Damenarmbanduhr von Vacheron & Constantin, Goldgehäuse, außergewöhnliche arabische Zahlen auf dem weißen Zifferblatt.

Oben: Armbanduhr von Vacheron & Constantin in rechteckigem Weißgoldgehäuse, weißes Zifferblatt mit Stabmarkierung.

immer festgehalten. Das beweisen die wunderschönen alten Modelle, die in Auktionskatalogen auftauchen, aber auch die aktuellen Klassiker, die bei fast 450 Verkaufsstellen in aller Welt guten Absatz finden. Die derzeit teuersten Modelle heißen Lord Kalla und Lady Kalla; eine Lady Kalla wird gelegentlich von Prinzessin Diana bei besonderen Gelegenheiten getragen. Besetzt ist die goldene Uhr auf Zifferblatt und Armband mit 108 Diamanten im Gesamtgewicht von 30 Karat (die Lord Kalla weist sogar 316 Diamanten auf), das Werk ist eines der kleinsten dieser Art.

Welche zeitlose Eleganz Vacheron & Constantin einer Alltags-Armbanduhr für Herren zu verleihen vermag, zeigt das Modell 33060. In das formschöne Gehäuse der rund 7000 DM kostenden goldenen Uhr ist ein mit 1,64 mm ultraflaches Werk eingebaut. Das weiße Emailzifferblatt ohne Hilfszifferblätter trägt nur schlichte Stabteilungen; ein Sekundenzeiger fehlt. Einziger Schmuck ist das goldene Malteserkreuz. Es gibt keinen Stoppuhrmechanismus, keine aufwendig gestalteten Bügel, und gehalten wird die Uhr von einem einfachen schwarzen Lederband. Eine solche Uhr sagt viel über ihren Träger aus. Interessant sind zwei skelettierte Uhren, die in absehbarer Zukunft gesuchte Sammelobjekte werden können, besonders angesichts der geringen Stückzahlen, in denen sie hergestellt werden. Das rund 15 000 DM teure Modell 33014 trägt am Rand des sichtbaren Werks aus 14karätigem Gold die römischen Stundenteilungen eingraviert und ist in verschiedenen Ausführungen lieferbar. Größer und reichhaltiger ausgestattet ist das Modell 43032 (etwa 50 000 DM), eine Automatikuhr aus Gelbgold und Platin mit drei Hilfszifferblättern, auf denen der Wochentag, das Datum (unter Berücksichtigung von Schaltjahren) und der Monat abzulesen ist. Zum ewigen Kalender kommt noch eine Mondphasenanzeige.

Oben: Armbanduhr von Vacheron & Constantin in rundem Goldgehäuse.

Auguste Agassiz

FAMILIENBETRIEBE

Die meisten altetablierten Produktionszweige haben ebensoviel mit Sozial- wie mit Industriegeschichte zu tun. Das gilt in besonderem Maße für die Schweizer Uhrenindustrie, die in ihren Anfängen auf Dörfer und kleine Städte wie La Chaux-de-Fonds, Le Locle und St. Imier und in der Gebirgsgegend westlich von Biel konzentriert war. Damals standen nur einfache Werkzeuge und Maschinen zur Verfügung; bedeutendere Uhrenproduzenten der Frühzeit arbeiteten viel mit Heimarbeitern, die sie unter den Bauern der Bergdörfer rekrutierten. Auch heute noch haben einige der bekannten Firmen erstaunlich wenig Personal; Zulieferer spielen im Fabrikationsprozeß nach wie vor eine große Rolle.

Ein Musterbeispiel für Kontinuität bietet Longines. 1782 machte Jonas Raiguel in St. Imier eine kleine Uhrmacherwerkstatt auf; sein Sohn tat sich

Ernest Francillon

Rechts:
Abraham-Louis Breguet (1747-1823), das vielleicht größte Uhrmachergenie aller Zeiten.

Remo Bertolucci, ein Meister unserer Zeit.

Rechts:
Die Longines-Manufaktur um die Jahrhundertwende.

Links oben:
Die heutigen Fabrikationsbetriebe von Longines im Vallon de Saint-Imier.

Links unten außen:
Das erste Manufakturgebäude von Longines.

Links unten:
Seit alters ist der Name Longines mit großen Sportereignissen verknüpft. Hier war Longines Zeitnehmer beim Großen Preis von Brasilien, der 1933 auf der Gavea-Rennstrecke in der Nähe von Rio de Janeiro ausgetragen wurde.

1832 mit Auguste Agassiz zusammen, und ein Neffe von Agassiz, Ernest Francillon, errichtete auf der Gemarkung 'Les Longines' bei St. Imier 1876 die erste Uhrenmanufaktur der Firma.

In der Geschichte der Schweizer Uhrenindustrie gibt es zahlreiche berühmte Namen, die sich zum Teil erstaunlich lange auf den Zifferblättern gehalten haben; dazu gehört Blancpain, eine Firma, die neun Generationen hindurch im Familienbesitz geblieben ist. Weiter vorn nachzulesen ist die Geschichte eines der bedeutendsten Männer in der Geschichte der Uhrenherstellung, Abraham-Louis Breguet, dem wir Erfindungen verdanken, die bis heute nicht übertroffen wurden, so den Tourbillon-Regulator.

Die Omega-Manufaktur im Jahr 1902.

Meister der Uhrmacherkunst gibt es aber auch in unseren Tagen, beispielsweise Remo Bertolucci und Gérald Genta, die in guter alter Tradition Familienbetrieben vorstehen.

AMERIKANISCHE FIRMEN

Um die Jahrhundertwende gab es in den Vereinigten Staaten eine blühende Uhrenindustrie, die vorzügliche Produkte auf den Markt brachte. Mit der 1882 erfolgten Einführungen von Zeitzonen für die Eisenbahnen wurden die bis dahin allgemein üblichen Taschenuhren allmählich mehr und mehr von Armbanduhren verdrängt. Zu Beginn unseres Jahrhunderts hatten die Produkte der Schweizer Uhrenfabrikanten Weltgeltung erlangt, und ihre schönen und sorgfältig gearbeiteten 'Bracelet-Uhren' machten den in Massen hergestellten amerikanischen Ein-Dollar-Uhren den Markt streitig. Da damals die Produktionskapazitäten noch nicht ausreichten, wurden hauptsächlich Damenuhren fabriziert. Das änderte sich im Ersten Weltkrieg, als für das Militär Herrenarmbanduhren benötigt wurden und die Regierung Mittel zur Produktionsausweitung bereitstellte. In den zwanziger und dreißiger Jahren erreichte die Fertigung von Armbanduhren in den Vereinigten Staaten einen Höhepunkt, doch danach hat nur noch eine kleine Zahl von Firmen bis in die siebziger Jahre überlebt.

BULOVA

Bulova war einmal der bedeutendste amerikanische Uhrenproduzent. Die berühmteste Uhr der Firma ist die Accutron (1960, Produktion 1976 eingestellt). Bemerkenswert sind die formschöne Excellency-Kollektion der zwanziger und dreißiger Jahre, die Charles Lindbergh Lone Eagle Watch (1927) und die für Sammler interessante Doktoruhr (um 1930).

ELGIN

Gegründet wurde die Firma 1867 in Illinois. 1912 brachte sie Damenarmbanduhren mit Wendegehäuse auf den Markt. Um 1917 folgten Soldatenuhren mit durchbrochenem eloxiertem Gehäuse, arabischen Leuchtziffern und khakifarben gestreiften Zeigern. Um 1926 wurde eine formschöne Uhr mit kissenförmigem Gehäuse und übergroßer Krone produziert. 1928 und 1929 kamen die berühmten Art-Deco-Damenarmbanduhren, die für Sammler recht interessant sind, darunter die Modelle Madame Alpha, Madame Premet, Madame Agnès und Parisienne.

GRUEN

Die 1874 in Columbus (Ohio) gegründete Firma hatte den Vorteil familiärer Verbindungen zur Schweiz. In einem Inserat von 1921 wird eine Armbanduhr folgendermaßen beschrieben: 'Kissenförmige quadratische Uhr aus Sterlingsilber, 17 Steine, feingestellt, Leuchtzifferblatt: $35 und $42.50. 14 Kt solides Grüngold: $65 und $75.' Von hohem Sammelwert ist Gruens berühmte Doktoruhren-Kollektion, die von 1929 bis Mitte der 40er Jahre im Angebot war. Diese Uhren haben gesonderte Zifferblätter für Stunden- und Minutenanzeige mit arabischen oder römischen Ziffern, teils mit springender digitaler Stundenindikation; lieferbar waren sie mit Gehäusen aus Weiß- oder Gelbgold (14 Kt) oder mit goldeingelegten Gehäusen. Um 1932 wurde die berühmte Curvex General herausgebracht, deren stark gebogenes Gehäuse sich der Rundung des Handgelenks anschmiegt. Interessant für Sammler ist auch die Varsity (um 1933).

HAMILTON

Gegründet wurde die Firma 1892 in Lancaster (Pennsylvanien). Eine erste Armbanduhr wurde ab 1916 für das Militär produziert. Es folgten Uhren, die zum Schönsten und Besten gehören, das die amerikanische Uhrenindustrie hervorgebracht hat. Ende der zwanziger Jahre brachte Hamilton Armbanduhren mit emaillierter Lünette auf den Markt: Coronado, Spur, Piping Rock. Zu den berühmtesten Uhren der Firma gehört die Seckron von 1936, eine Doktoruhr mit getrennten Zifferblättern für Stunden- und Minutenanzeige in Schwarz-weiß in gestuft geformtem verlängertem Tank-Gehäuse. Zwei Jahre später kam das Modell Otis auf den Markt. Eine frühe elektromechanische Uhr war die batteriegespeiste Electric Model 500 von 1957; es folgten asymmetrische Modelle wie Pacer, Pulsar, Vega und Ventura. Ausgefallen, aber sehr sammelnswert ist die ungewöhnliche, aber ganz im Stil der Zeit gehaltene Everest Electric von 1958 mit ins zweifarbige Zifferblatt formal integrierter Lünette, in die die '12' eingraviert ist.

1963 kam die Thin-O-Matic heraus. Leider fiel die Firma allmählich auseinander und wurde in den siebziger Jahren verkauft.

ILLINOIS

Die Firma wurde 1869 in Springfield (Illinois) ins Leben gerufen. 1905 wurde die Produktion von Damenarmbanduhren und 1921 auch die von Herrenarmbanduhren aufgenommen. 1927 taten sich Illinois und Hamilton zusammen, und von da an waren die Illinois-Uhren praktisch Hamilton-Uhren, auch wenn sie weiterhin unter dem alten Namen vertrieben wurden. Produziert wurden Qualitätsuhren in zum Teil außergewöhnlicher Gestalt: asymmetrische Gehäuse, stark gebogte große Uhren und Art-Deco-Modelle, von denen manche bei der '3' und der '9' mit Hilfszifferblättern ausgestattet sind.

INGERSOLL

Dieser Produzent ist im 'A-Z wichtiger Firmen' ausführlich dargestellt.

WALTHAM

Ihren Namen verdankt die Firma dem Ort, an dem sie 1885 gegründet wurde: Waltham in Massachusetts. 1912 wurde die Armbanduhrenproduktion für Damen, zwei Jahre später die für Herren aufgenommen. Interessant sind die Soldatenuhren mit durchbrochenem Schutzdeckel (um 1917-1919). Daß Armbanduhren zunächst wenig mehr waren als leicht abgewandelte Taschenuhren, veranschaulicht die originelle 20 Year Gold-Filled aus der Zeit um 1917. 1931 wurden einige sammelnswerte Baguette-Uhren produziert. Waltham spielte in der Geschichte der International Watch Company eine gewisse Rolle, wie im 'A-Z wichtiger Firmen' nachzulesen ist.

Für Sammler von Interesse sind auch manche Produkte anderer amerikanischer Uhrenfirmen. Am bedeutendsten sind Agassiz (produzierte von 1915 bis in die fünfziger Jahre), Ball Watch Company (von den fünfziger Jahren bis 1969), Dueper Hampden (1921-1931, dann nach Rußland verkauft, wo es noch ein Werk gibt), Hampden (zwanziger Jahre), E. Ingraham Company (komische Charakteruhren, 1930-1968), Mohawk (dreißiger und vierziger Jahre), Newhaven, New York Standard (Massenhersteller von Dollar-Uhren), Rockford (1900-1915), Seth Thomas, Southbend (1903-1929, eine von ganzen zwei in den USA nach 1900 gegründeten Armbanduhren-Manufakturen) und schließlich Waterbury Clock Company (aus der Timex und Westclox hervorgegangen sind).

Die Hamilton Electric, ein begehrtes Sammlerstück.

TIPS FÜR SAMMLER

Wenn Sie sich eine Armbanduhrensammlung zulegen wollen, sollten Sie einige grundsätzliche Dinge beachten. Sinnvoll ist es, sich von erfahrenen Sammlern beraten zu lassen, sich – falls vorhanden – einem Sammlerklub anzuschließen und sich ausführlich in Uhrenmuseen und Auktionshäusern zu informieren.

Rechts:
Die diamantenbesetzte Omega Constellation.

NEUE UHREN

Lassen Sie sich vor dem Erwerb einer neuen Uhr für Ihre Sammlung in einem vertrauenswürdigen Fachgeschäft beraten. Solche Geschäfte gibt es in jeder größeren Stadt. Wenn Sie nach Uhren einer bestimmten Marke Ausschau halten, sollten Sie eine örtliche Vertriebsstelle der betreffenden Firma oder ein auf diese Marke spezialisiertes Geschäft aufsuchen; im Branchen-Telefonbuch finden Sie die Adressen. Wenn Sie eine Uhr gekauft haben, bewahren Sie Verpackung und Kaufquittung sorgfältig auf; das ist für den Fall eines Wiederverkaufs wichtig. Bei kostspieligen Uhren empfiehlt es sich immer, in mehreren Geschäften Preisvergleiche anzustellen. Nach einem Kauf bewahren Sie alles auf, was mit dem Uhrenkauf zusammenhängt; Garantieurkunde und Quittung benötigen Sie, wenn Sie (was bei teuren Stücken unbedingt anzuraten ist) die Uhr versichern wollen. Auf beiden finden Sie die individuelle Fertigungsnummer der Uhr verzeichnet. Wenn Sie beispielweise eine Blancpain erwerben, erhalten Sie beim Kauf einen auszufüllenden Schein, den Sie an die Firma in Le Brassus einsenden müssen, um in das seit 1735 geführte Goldene Buch eingetragen zu werden. Damit ist dann Ihr Kauf für alle Zeiten festgehalten, und obendrein ist damit die Einladung verbunden, der bemerkenswerten Manufaktur im Schweizer Bauernhaus einen Besuch abzustatten.

Oben:
Damen- und Herrenarmbanduhren aus dem aktuellen Angebot der weltweit bekannten Firma Tiffany & Co.

Rechte Seite:
Herrliche Armbanduhren, die am 27. Juli 1987 bei Sotheby's in London versteigert wurden.

OMEGA
LUN
MARS
MOERIS
SATURDAY
ROLEX

FORTIS

Girard-Perregaux
automatic
Sea-Hawk

KAUF AUS ZWEITER HAND

Wenn Sie noch kein Uhrenexperte sind, ist es wichtig, nur an Händler oder Privatleute heranzutreten, die Sie als vertrauenswürdig kennen und die Sie notfalls auch noch nach einiger Zeit wieder belangen können. Das bedeutet, das fliegende Händler und Trödelmärkte für Sie nicht in Frage kommen sollten. Wenn Sie sich für eine Uhr interessieren, zögern Sie nicht, sich nach der Herkunft des Stückes zu erkundigen. Was Preise angeht, sollten Sie sich anhand von Auktionskatalogen oder von Preislisten etablierter Händler schon im voraus einen Überblick verschafft haben, um Preisforderungen beurteilen zu können. Sehen Sie sich eine in Frage kommende Uhr genau von außen, aber auch innen an. Denken Sie daran, daß persönliche Inschriften (außer bei prominenten Namen) den Wiederverkaufswert einer Uhr mindern. Fragen Sie nach der Originalverpackung, der Kaufquittung oder allen Dokumenten, die mit der Uhr zu tun haben. Vergleichen Sie eine dort eventuell aufgeführte Fertigungsnummer mit der in die Uhr eingravierten Nummer.

Linke Seite oben: Die aufsehenerregende Maxi Classic von Fortis mit schwarzem Zifferblatt, zentraler Mondindikation und weißer Datumsanzeige.

Linke Seite unten: Zwei wunderschöne Uhren aus der aktuellen Produktion von Girard-Perregaux, oben die Seahawk, unten der Automatikchronograph 7000 GBM.

Links oben und unten: Diese Armbanduhren kamen am 8. Oktober 1985 bei Sotheby's in London zur Versteigerung.

Links Mitte: Fünf herrliche Schmuckuhren, darunter ganz rechts die Mystérieuse von Vacheron & Constantin mit diamantenbesetzem Zifferblatt.

Wenn es sich um eine Uhr mit Komplikationen handelt, vergewissern Sie sich, daß alle Mechanismen (Stoppuhrfunktion, Datums-, Monats- und Mondphasenanzeige) einwandfrei arbeiten. Lassen Sie sich vom Verkäufer, am besten auf Geschäftspapier mit gedrucktem Firmen- oder Briefkopf, eine ordnungsgemäße Quittung mit Datum und Unterschrift aushändigen.

KAUF BEI VERSTEIGERUNGEN

Bis Anfang der achtziger Jahre wurden Armbanduhren bei Uhrenversteigerungen noch kaum angeboten; damals wurden sie noch meist unter 'Schmuck' eingeordnet. Das hat sich in den letzten Jahren gründlich gewandelt: Immer mehr sind Armbanduhren zu beliebten Sammelobjekten geworden.

Wenn Sie auf einer Auktion eine Uhr erwerben wollen, sollten Sie sich unbedingt die angebotenen Stücke bei der Vorbesichtigung genau ansehen. Das Personal erlaubt es, unter Aufsicht Uhren in die Hand zu nehmen, für die Sie sich interessieren. Daß Sie die Beschreibungen im Auktionskatalog im voraus sorgfältig durchlesen, ist selbstverständlich. Bedenken Sie, daß die dort aufgeführten Schätzpreise eher an der unteren Grenze liegen und bei der Auktion beträchtlich überboten werden können. Wenn Sie das erste Mal auf einer Versteigerung sind, sollten Sie während der Vorbesichtigung einige Zeit und Aufmerksamkeit darauf verwenden, zu beobachten, auf welche Stücke sich andere Interessenten konzentrieren.

Finden Sie sich am Auktionstag früh ein, und halten Sie Ohren und Augen offen. Mit dem Versteigerungskatalog und den Geschäftsbedingungen des Auktionshauses sind Sie inzwischen vertraut. Bedenken Sie, daß Schätzpreise nach oben und unten völlig falsch liegen, Beschreibungen ungenau oder unvollständig und kleinere Mängel der angebotenen Stücke unerwähnt sein können. Je nach dem Gehäusematerial (Stahl, Gold, Silber, Platin usw.) können Uhren mit gleichem Werk im Preis sich deutlich unterscheiden. Zu berücksichtigen ist auch der Schmuckwert: eine technisch uninteressante Uhr kann ein juwelenbesetztes Zifferblatt oder ein massiv goldenes Armband haben. Käufer gibt es für solche Uhren immer, aber für den ernsthaften Sammler sind sie weniger interessant. Wassergeschützte Uhren können durch Öffnen des Gehäuses bei der

Rechts: Am 24. Juli 1986 bei Sotheby's in London versteigerte Armbanduhren.

Rechte Seite: Am 3. März 1989 bei Christie's in London versteigerte Armbanduhren.

Eine breite Vielfalt von Armbanduhren kam am 19. Juli 1988 bei Sotheby's in London zur Versteigerung. Herausragend in Qualität und Stil ist die Mondphasenuhr von Ulysse Nardin in der Mitte der unteren Reihe.

Vorbesichtigung undicht geworden sein und müssen deshalb hinterher stets von einem Fachmann neu verschlossen werden.

Bei Versteigerungen bietet oft der Auktionator im Auftrag mit, und zusätzliche Gebote werden telefonisch entgegengenommen. Wenn ein Los zurückgezogen wird, bedeutet das nicht, daß niemand es haben will oder es keinen Wert besitzt; nicht erreichte Verkäuferlimits können die Ursache sein. Zum Zuschlagspreis kommt die Taxe, die zwischen 10 und 12 Prozent liegt, und in

Bereits am 28. Februar 1985 stand dieses Sortiment herrlicher Armbanduhren bei Sotheby's in London zum Verkauf; seit jener Zeit haben die Preise zum Leidwesen der Sammler ganz erheblich angezogen.

vielen Ländern werden auf den Gesamtpreis auch noch Steuern erhoben. Ein ausgesprochenes 'Schnäppchen' werden Sie bei Auktionen nur selten machen können, besteht doch das Publikum großenteils aus Händlern, die sich genau auskennen und interessante Angebote manchmal schon im voraus unter sich aufteilen. Wenn Sie eine bei Auktionen oder aus zweiter Hand gekaufte Uhr selbst tragen wollen, sollten Sie sie vorher von einem Fachmann gründlich reinigen lassen.

ROLEX
OYSTER PERPETUAL
DATEJUST
SUPERLATIVE CHRONOMETER
OFFICIALLY CERTIFIED
CERTIFIED
PRECISION
SWISS MADE
CARTIER
OMEGA
AUTOMATIC
Constellation

WARTUNG

Grundsätzlich sollten Sie bei einer teuren Uhr niemals das Gehäuse selbst öffnen: Dabei kann Staub eindringen, das Öl verharzen, das Werk in Unordnung kommen und wenn die Uhr wassergeschützt war, ist sie es hinterher nicht mehr.

Am besten ist eine Armbanduhr natürlich an Ihrem Handgelenk aufgehoben, allerdings nicht in unmittelbarer Nähe von scharfkantigen Manschettenknöpfen oder Metallarmbändern. Wenn bei einer Uhr das Band defekt ist, sollten Sie sie nicht einfach in die Tasche stecken, um sie weiterbenutzen zu können; rasch bekommt sie Kratzer ab, die den Wiederverkaufswert mindern. Mechanische Uhren sollten langsam und mit Gefühl aufgezogen werden. Bei Quarzwerken sollte ein fälliger Batterietausch im Fachgeschäft durchgeführt werden; lassen Sie bei dieser Gelegenheit auch das Armband auf Festigkeit prüfen.

Garantiescheine sollten Sie sorgfältig durchlesen und aufbewahren. Wenn Ihre Uhr gewartet werden muß, bringen Sie sie am besten in das Geschäft, in dem Sie sie gekauft haben, ist das nicht möglich, suchen Sie ein gutes Fachgeschäft auf. Wie Automobile sollten auch Uhren regelmäßig gewartet werden.

Bewahren Sie die Kaufquittung und alle mit der Uhr zusammenhängenden Dokumente für die Versicherung und für einen eventuellen Weiterverkauf der Uhr auf. Wenn Sie die Uhr wieder verkaufen wollen, verfolgen Sie die Preisentwicklung auf dem Armbanduhrenmarkt am zweckmäßigsten anhand von Auktionskatalogen und Händlerlisten. Preisvergleiche lohnen sich übrigens auch bei Versicherungen; Sie sollten sich weder unter- noch überversichern.

Linke Seite: Uhren, die am 16. Oktober 1986 bei Sotheby's in London versteigert wurden. Oben links eine Rolex Datejust Oyster Perpetual mit originalem Jubilee-Armband, 18 Kt Gold; oben Mitte eine Rolex Prince in 9 Kt Rotgold mit außergewöhnlichen Bügeln; Mitte links eine silberne Acht-Tage-Uhr von Cartier aus dem Jahr 1935; links unten eine goldene Art-Deco-Uhr der dreißiger Jahre im ägyptischen Stil; rechts eine automatische goldene Omega Constellation von 1968 mit originalem integriertem Armband.

Rechts: Automatische Armbanduhr mit Fünfminutenrepetition in Rückansicht. Weiß emailliertes Zifferblatt, signiert Chronoswiss, Kelek, rundes Gehäuse mit verglastem Boden, numeriert DK 87.211 A, Werk mit 21 Steinen numeriert CH8735, über die Krone auslösbares Zweiklang-Repetierwerk.

SAMMELRICHTLINIEN

Wenn Sie kein Krösus sind, der es sich leisten kann, ausschließlich die Klassiker namhafter Firmen zu sammeln, sollten Sie sich auf ein bestimmtes Sammelgebiet konzentrieren, und das tun nicht nur die meisten Sammler, sondern auch viele Museen. Wenn Sie sich für ein gut abgegrenztes (und zwangsläufig wohl eher enges) Sammelgebiet entscheiden, haben Sie gute Aussichten, sich schon bald darin gut auszukennen. Einen weiteren Vorteil hat die Spezialisierung: Auf einem engen Sektor erreichen Sie früher eine gewisse Vollständigkeit, und diese kommt Ihnen zugute, wenn Sie Ihre Sammlung eines Tages verkaufen wollen, denn je vollständiger sie ist, desto mehr können Sie dafür verlangen, weil es für den Käufer dann leichter ist, darauf aufbauend sie zu komplettieren. Wenn Sie sich kostspieligere 'Klassiker' leisten können, sollten Sie sich hauptsächlich bei Auktionshäusern eindecken, als Anfänger sich jedoch dabei der Dienste eines in Ihrem Auftrag tätigen Fachhändlers bedienen.

Die großen Firmen sind in unserem Buch genannt. Weitere Firmen, deren Schöpfungen für Sammler besonders in Frage kommen, sind Aubry Frères (1917 gegründet), Beuchat (gegr. 1905), Certina (1888), Cyma (1862), Eberhard (1887), Ernest Borel, Eterna (1856), Favre Leuba (1737), Fortis (1912), Le Phare (1888), Meylan (1880), Oris (1904), Paul Ditisheim, Rado (1917), Revue Thommen (1853), Roamer (1888), Rotherham, Tiffany (1837), Universal (1894), Zenith (1865) und Zodiac.

Am 8. Oktober 1985 bei Sotheby's in London versteigerte Armbanduhren.

Am 13. November 1984 bei Sotheby's in Genf versteigerte Armbanduhren.

SAMMELGEBIETE

Hier finden Sie eine Reihe von Vorschlägen für umgrenzte Sammelgebiete.

AUTOUHREN

Wenn Sie ein Auto-Fan sind, ist dies das richtige Sammelgebiet für Sie. Vor etlichen Jahren produzierte Aston Martin Lagonda Autouhren für viele Marken in streng limitierten Auflagen; sie gingen an die Autofirmen, und nur wenige gelangten in den Handel. 1930 brachte Mido eine Bugatti-Uhr und wenig später auch eine Buick-Uhr heraus. Teurer, aber eher erhältlich sind Cartiers Ferrari-Uhren. Lange Zeit lieferte Bueche Girod Lancia- und Mercedes-Uhren. Eine Rolls-Royce-Uhr in drei Ausführungen kam 1932 von Blancpain, eine weitere von Corum.

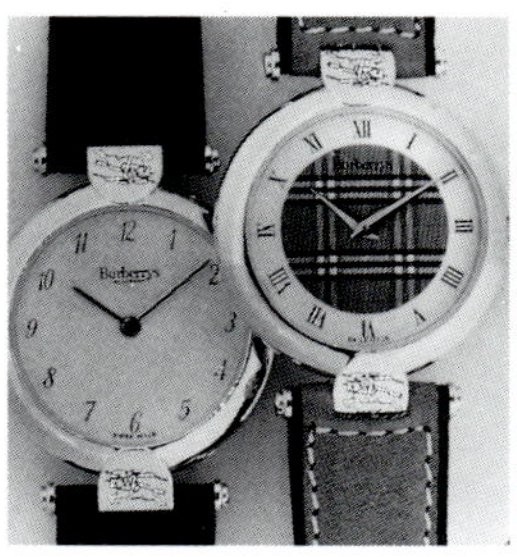

Zwei Eigenmarken-Armbanduhren von Burberry's.

Von Michel Herbelin entworfene Armspangenuhr.

DESIGNERUHREN

Mit Geld und gutem Geschmack kann man sich eine Uhrensammlung anlegen, in der die führenden Namen aus Design und Mode vertreten sind. Das Firmenzeichen von Burberry findet sich auf Zifferblättern oder Bändern der von der Firma vertriebenen Uhren. Eigene Serien bieten Carven und Chanel an. Herrlich ist die Black Moon, eine Uhr mit Mysterieuse-Anzeige von Christian Dior. Gut sieht die neue Bombe von Gucci aus, besonders das Modell mit Perlmuttzifferblatt und gewölbtem Saphirglas. Sachlich wirken die von Guy Laroche angebotenen Uhren. Hermès (1837 gegründet) hat seit 1978 in der Schweiz eine eigene Uhrenmanufaktur, die sehr reizvolle Modelle fertigt, so die Arcean und die Kelly (1978), die Clipper (1981), die Sellier (1987) und die neue Captain (1988). Überraschend moderne und witzige Uhren bietet in großer Auswahl Karl Lagerfeld an. Die Uhren von Lanvin werden von Michel Herbelin gefertigt. Léonard hat eine sehr elegante und ausgefallene Masterpiece Collection. Bei Pierre Balmain, der mit SMH im Geschäft ist, fallen die Zifferblätter der Elegantic-Linie ins Auge. Sehr sportlich wirken die zu günstigen Preisen und in großer Vielfalt angebotenen Uhren von Pierre Cardin. Yves Saint Laurent läßt alle seine Uhren in Paris entwerfen und hat mit seinem ständig aktualisierten Programm viel Erfolg.

Links: Aston Martin Lagonda ließ für die beiden Automarken Armbanduhren in limitierter numerierter Auflage fertigen.

LIMITIERTE EDITIONEN

Diese nur in geringen Stückzahlen hergestellten Uhren sind für Sammler hochinteressant, wenn man überhaupt an sie herankommt und sie sich leisten kann. An erster Stelle ist hier Audemars Piguets La Grande Complication zu nennen, von der seit 1915 nur ganze 100 Stück abgegeben wurden. Limitierte Editionen gibt es von Cartier, Dunhill und Mappin & Webb, zu diesen Kostbarkeiten gehören die Riviera Complication von Baume & Mercier, die Andy Warhol Times/5 von Movado (250 Exemplare, davon 200 zum Verkauf), die Steel Gentlemen's 1940s (Ref. 3481) von Rolex (nur 11 Stück) und, ebenfalls von Rolex, die Chronographe Antimagnétique (Ref. 3055) von 1956 mit einer Auflage von 100 Exemplaren. Limitierte Editionen haben die meisten, wenn auch nicht alle großen Uhrenfirmen herausgebracht.

MYSTERIEUSE-UHREN

Es gibt zwei Kategorien von Uhren mit Mysterieuse-Anzeige. Bei den eigentlichen Mysterieuse-Uhren, die schon eine lange Tradition haben, erfolgt die Zeitanzeige durch einen geheimnisvollen Mechanismus, bei dem man nicht erkennen kann, wie er funktioniert. Die zweite, erst seit neuem mit diesem Namen belegte Kategorie hat lediglich ein Zifferblatt ohne Teilungen und nur zwei Zeiger; Uhren dieser Art gibt es in allen Preisklassen. Eine goldene Mystérieuse von Jaeger-LeCoultre aus dem Jahr 1950 erzielte im November 1988 bei Sotheby's in Genf 4180 Franken; die Firma hat im Laufe der Jahre mehrere Uhren dieser Art herausgebracht. Dazu gehören auch die Museumsuhr von Movado, die freilich kaum mehr erhältlich ist, und Uhren von Cartier, Piaget und anderen Firmen, die immer wieder auf Auktionen angeboten werden. Ein neues Beispiel ist die Secret Time von Gérald Genta. Frühe Armbanduhren hatten manchmal nur einen Zeiger; bei Revue Thommen gibt es eine Armbanduhr ohne Stundenzeiger.

Oben:
Hochmodische Herren- und Damenarmbanduhr, gefertigt für das Haus Tiffany & Co.

Rechte Seite:
Accurist mit Quarzkaliber, Mondphase und drei Hilfsanzeigen als Linkshänderuhr.

Accurist
QUARTZ

NOVITÄTEN

Es wird immer einen Markt für ausgefallene und sogar verrückte Uhren geben, solange diese nur die Zeit anzeigen. Salvador Dalis berühmtes Gemälde *Zerrinnende Zeit* (1931) und seine anderen futuristischen Uhrendarstellungen haben so manchen Uhren-Designer inspiriert. Drei Dali-Modelle verdanken wir den italienischen Bijouterie-Uhrmachern Dino und Roberto Falcone. Origineller sind Cartiers Dali-Uhren der siebziger Jahre, von denen eine im Juni 1988 für 40 000 Franken ersteigert wurde.

Es gibt auch neuere Uhrenprogramme dieses Genres, unter deren Modellen trotz verhältnismäßig niedriger Preise einige wegen ihrer Originalität zu Klassikern geworden sind. Hierzu gehören die heute allgegenwärtigen Swatches mit ihrer hochinteressanten Geschichte. Um den japanischen Quarzuhren, die den Markt überschwemmten und viele kleinere Schweizer Firmen in den Konkurs trieben und größere zu Zusammenschlüssen zwangen, Paroli bieten zu können, beschloß am 11. April 1980 die zum Schweizer Uhrengiganten SMH gehörende ETA, eine kostengünstig produzierbare Uhr zu entwickeln. 1981 wurde die Idee der Swatch geboren, die ab 1983 auf den amerikanischen und englischen Markt gebracht wurde. Bis zum September 1988 waren weltweit schon 50 Millionen Stück in 406 Modellen verkauft. Mittels eines ganz neuen technischen Verfahrens werden die 51 Einzelteile auf der Platine zusammengefügt und dann in ein wasserdichtes Gehäuse eingepaßt, dem für das Design die gleiche Bedeutung zukommt wie dem Zifferblatt; 'typisch Swatch' sind auch die Armbänder. Ein brillantes Marketing-Konzept hat wesentlich zum Erfolg beigetragen. Sammler können sich das gesamte Sortiment zulegen, für das die Firma ein schmuckes Kästchen auf den Markt gebracht hat. Jedes Modell hat einen originellen Namen; besonders beliebt ist die Jellyfish von 1985.

Die erste Novitäten-Uhr war Ingersolls Mickey Mouse von 1933, von der in drei Jahren zwei Millionen verkauft wurden; der verstorbene Kaiser Hirohito soll 50 Jahre lang eine solche Uhr getragen haben. Mickey-Mouse-Uhren gibt es auch von Timex und in der Disney-Kollektion von Apollo. Besonders in den Vereinigten Staaten sind im Laufe der Jahre zahlreiche Novitäten-Uhren in den Handel gekommen, die Comic-Figuren wie Popeye, Winnie the Pooh, Donald Duck und Minnie Mouse gewidmet sind. Zu den führenden Produzenten gehören Timex, US Time, New Haven und vor allem E. Ingraham Co.

Oben links und rechts: Flik-Flak-Armbanduhren.

Rechts: Der Speech-Synthesizer von Seiko mit Mini-Tonband, Quarzwerk, Digitalanzeige, Stoppuhrfunktion, Timer, ständige Anzeige von Datum, Wochentag und Monat, beleuchtbares Zifferblatt.

Rechte Seite: Die schon klassischen Swatch-Uhren in einer auf ein jugendliches Publikum zielenden Anzeige.

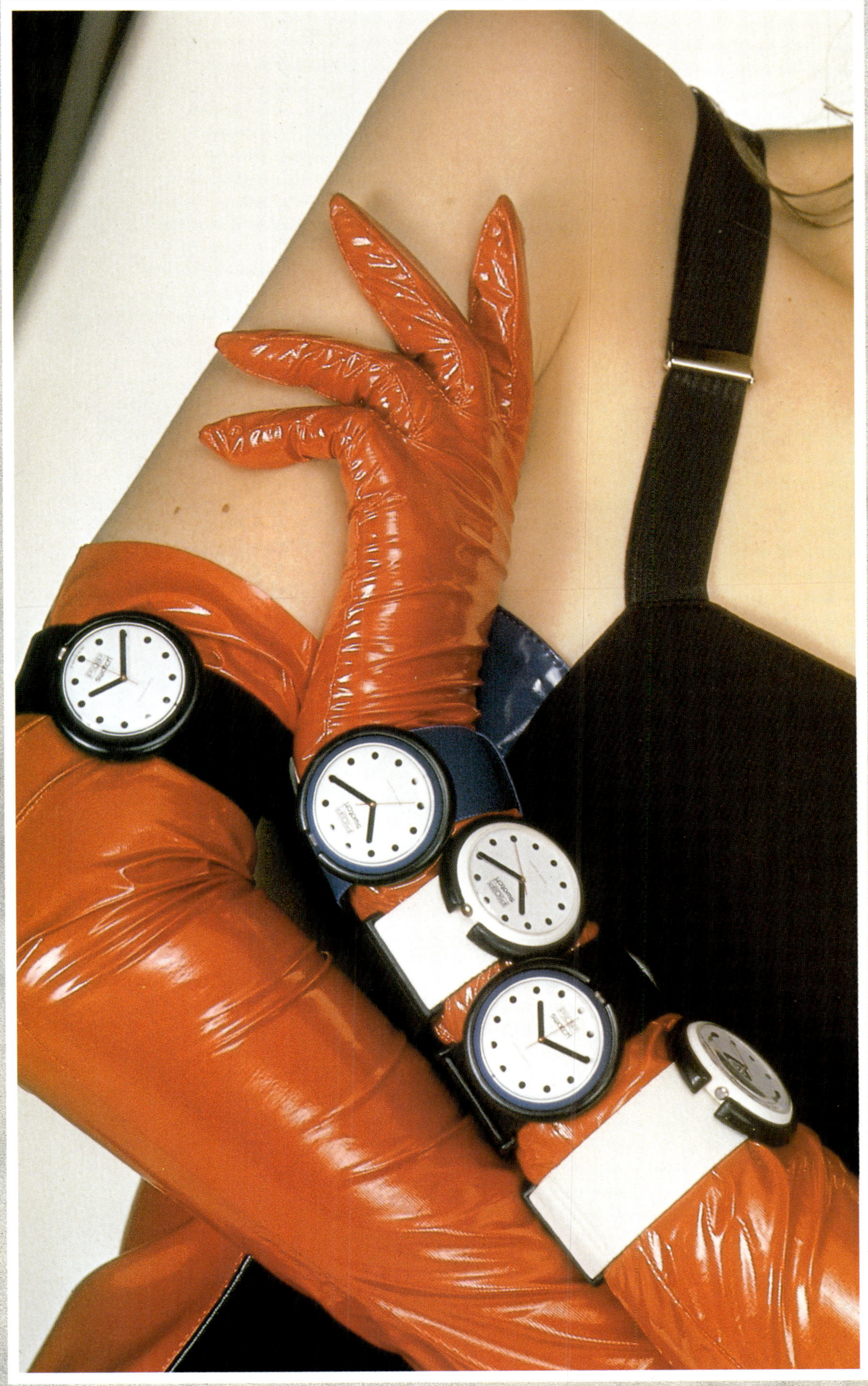

TAG
HEUER

Es gibt auch einige Armbanduhrenmodelle für Linkshänder, bei denen die Aufzugskrone bei der '9' ist, so ein aktuelles Modell von Accurist, und in den zwanziger Jahren war die englische Dublin für Linkshänder auf dem Markt. Uhren mit Hologramm-Zifferblättern sind in Entwicklung. Novitäten, die Sammlerwert bekommen werden, sind die Roulette von Fiorucci-Time und die Swiss Tonic von Challenger. In die Roulette ist auf dem Zifferblatt ein funktionierendes, über einen Drücker zu betätigendes Mini-Roulette integriert. Vorwiegend für Erwachsene ist die Swiss Tonic mit aufklappbarem Gehäuse gedacht, in dessen Hohlraum man Pillen oder auch ein Kondom unterbringen kann. Uhren mit hölzernem Gehäuse sind eine Spezialität der Pforzheimer Firma Lacher; teurere Modelle liefert die französische Firma Timber.

Oben:
Die originelle hölzerne Armbanduhr von Lacher.

SPORT- UND FREIZEITUHREN

Freizeit und Sport stellen eigene Ansprüche an den Uhrenmarkt, und auf diese Ansprüche hat sich die Uhrenindustrie mit einem immer breiteren Angebot eingestellt. Manche dieser Uhren werden mit Sicherheit zu 'Klassikern' werden. Wer strapazierfähige Präzisionsuhren etwa für den Motorsport braucht, ist bei Breitling, Revue Thommen und Tag-Heuer gut bedient. Freunde des Tieftauchsports finden in der Aqualand-Kollektion von Citizen das Richtige, Uhren mit Tiefenanzeige, Alarmmechanismen, Dekompressionsskalen usw., und für Surfer und Segler sind die Modelle mit Windgeschwindigkeitanzeige von Nutzen. Für Professionals gedacht sind die Serien 1000, 2000 und 3000 von Tag-Heuer, und auch diese Firma hat die Surfer und Segler nicht vergessen. Uhren mit Gezeitenanzeige gibt es von verschiedenen Firmen. Citizen bietet spezielle Sportuhrkollektionen für Bergsteiger (mit Höhenmesser), Radfahrer, Skiläufer und sogar für Fallschirmsportler an, und für Piloten gibt es die Wingman. Die berühmteste Fliegeruhr vergangener Zeiten war die Charles Lindbergh von Longines; ein Exemplar erzielte im Oktober 1988 bei Sotheby's in London rund 15 000 DM, und ähnlich viel wurde bei der gleichen Versteigerung für eine seltene Frogmen's von Rolex bezahlt. Für Sammler hochinteressant ist die Lady's Bridge (18 Kt Gold) von Universal. Wer in die Zukunft investieren möchte, sollte Gérald Gentas Gefica Safari für Großwildjäger und seine L'Open für Golfer nicht übersehen. Eine goldene Golferuhr gibt es auch von Revue Thommen.

Linke Seite:
Formel-1-Chronographen von Tag-Heuer in auffallenden Farben und modischem Design; unter den modernen Sportuhren kann man sie fast schon als Klassiker bezeichnen.

Folgende Doppelseite links:
Die Altichron von Citizen, die erste Armbanduhr für Bergsteiger mit Höhenmesser und Kompaß. Sie kann nur in der nördlichen Hemisphäre verwandt werden und ist mit Höhenangaben in Meter oder Fuß lieferbar.

Folgende Doppelseite rechts:
Die bis 200 m Tiefe wassergeschützte S/el-Taucheruhr von Tag-Heuer ist mit Drehlünette, Leuchtanzeige und vielfachen Funktionen ebenso zweckmäßig wie formschön.

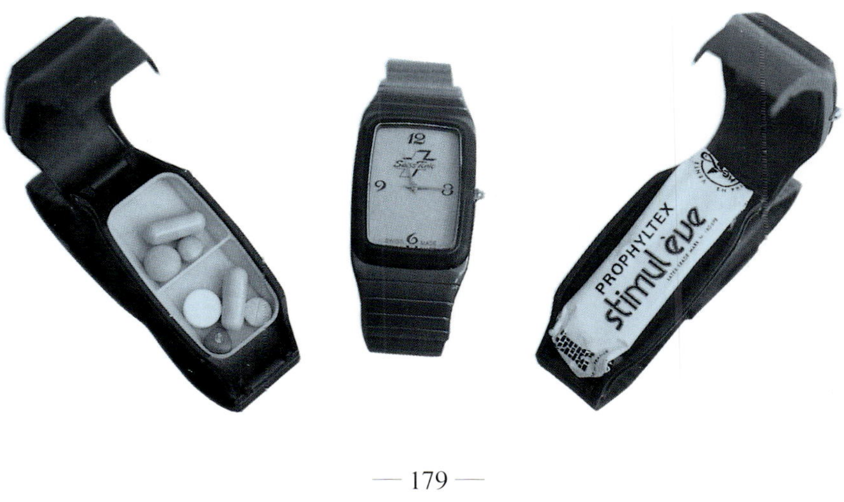

Rechts:
Die aufklappbaren Gehäuse der Quarzuhren von Swiss Tonic können als Mini-Depot dienen.

CITIZEN
QUARTZ
WATER RESIST

TACHYMETRE

SCHMUCKUHREN

Zwischen dem Bijouteriegewerbe und der Armbanduhrenindustrie bestehen seit langem enge Verbindungen, sind doch die Armbanduhren aus uhrenbesetztem Armschmuck hervorgegangen. Schmuckuhren werden von vielen bedeu-

Oben:
Rolex Oyster Perpetual in Stahl-Gold-Gehäuse mit kleiner Sekunde, ein durchaus erschwingliches Sammlerstück.

Rechts:
Eine typische Soldatenuhr ('Schützengrabenuhr') aus dem Ersten Weltkrieg.

tenden Firmen hergestellt, und zahlreiche große Bijoutiers vertreiben Kollektionen unter eigenem Namen. Führend ist auf diesem Sektor Van Cleef & Arpels, die eine bemerkenswerten skelettierte Weltzeituhr im Angebot haben.

Mit dieser knappen Aufzählung sind natürlich die möglichen Sammelgebiete noch keineswegs erschöpft. Uhren kann man unter vielen Gesichtspunkten sammeln. Hier seien nur einige Kategorien als Beispiele genannt: Armbanduhren mit Weckmechanismus und Timer, Art-Deco-Uhren, Freimaureruhren, frühe mechanische Uhren mit Digitalanzeige, skelettierte Uhren, Schützengrabenuhren, Uhren mit Weltzeitindikation und vieles mehr.

Seite 184:
Goldene Automatik-Armbanduhr von Breguet mit Datums- und Mondphasenanzeige. Guillochiertes silbernes Zifferblatt mit römischen Zahlen, Hilfszifferblätter mit blauen Stahlzeigern, Datum bei der '3', Wochentag bei der '9'.

BREGUET 0001

A-Z DER FACHBEGRIFFE

ACHT-TAGE-ARMBANDUHR
Mechanische Armbanduhr, deren Federkraft eine Gangzeit von mindestens acht Tagen gewährleistet.

ANALOGANZEIGE
Begriff aus der Elektronik, seit Einführung der Quarzuhren auch für Uhren verwendet: Zeitanzeige durch sich über das Zifferblatt bewegende Zeiger, an deren Stellung die Zeit abgelesen wird.

ANKERWERK
Uhrwerk mit Hemmung aus Ankerrad, Anker und Unruh. Zwei Steinpaletten des von der Unruh bewegten Ankers greifen abwechselnd in die Zähne des von der Federkraft angetriebenen Ankerrads ein, um es zu einer gleichmäßig langsamen ruckweisen Bewegung zu zwingen, die den Gang des ganzen Uhrwerks regelt.

ANTIMAGNETISCH
Uhr, deren Werk – meist durch eine Weicheisenummantelung – gegen magnetische Störeinflüsse geschützt ist.

ARMBÄNDER
Fest mit dem Uhrgehäuse verbunden (integriert) oder (meist) an Bügeln oder Anstößen abnehmbar befestigt. Aus Metall (Gold, Silber, Doublé, verchromtem Stahl, Edelstahl, Titan usw.) oder Leder, seltener aus Textilien oder Künststoff.

AUFZUG
der mechanischen Uhr von Hand erfolgt durch Drehen der (gedrückten) Krone über Aufzugswelle, Kupplungsrad, Kronrad und auf der Federwelle montiertes Sperrad, wobei eine Sperrklinke das Rückschnellen der aufgewundenen Feder verhindert. Siehe auch Automatikuhr.

AUTOKOMPENSIEREND
selbsttätig ausgleichend, z.B. Temperaturschwankungen und andere Witterungseinflüsse.

AUTOMATIKUHR
Mechanische Uhr mit selbsttätigem Aufzug, zuerst für Taschenuhren entwickelt (Rotorprinzip von Perrelet, um 1770, Schwungmasse am Hebelarm von Breguet, um 1787). Für Armbanduhren setzte sich zunächst das 1924 patentierte, später entscheidend verbesserte Rotorprinzip nach den 'System Harwood' durch. Um 1930 kam der Rüttelaufzug ('Rolls', 'Wig-Wag') auf, bei dem das frei im Gehäuse über einer Kugelführung schwingende Werk selbst die Aufzugsenergie liefert. Andere Lösungen bestehen darin, das Werk mittels eines Federbügels am Gehäuse ('Autorist' von Harwood, 1931) oder durch Öffnen und Schließen eines Schutzdeckels (Etui-Uhr) aufzuziehen. Oft haben Automatikuhren eine Gangreserveanzeige.

BAGUETTEWERK
(Stabwerk), schmales Kaliber für kleine Uhren mit diametraler Anordnung von Federhaus und Schwingsystem, viel für Art-Deco-Damenarmbanduhren verwendet.

BEGRENZER
sorgen bei mechanischen Weckeruhren dafür, daß nach Auslösen der Weckervorrichtung genügend Antriebskraft für das Uhrwerk verbleibt.

BELEUCHTBARES ZIFFERBLATT
Durch eingebauten Akku oder Knopfbatterie und Glühlämpchen auch bei mechanischen Uhren möglich, bei batteriebetriebenen Quarzuhren häufig anzutreffen. Siehe aber Leuchtzifferblatt.

BIMETALLUNRUH
Unruh aus zwei Metallen mit unterschiedlichen Ausdehnungskoeffizienten. Siehe Kompensationsunruh.

BRACELET-UHR
Bracelet-montre oder montre-bracelet, frühe Bezeichnung der Armbanduhr, die sich aus mit Kleinuhren bestückten kostbaren Schmuckarmbändern (französisch 'bracelets') entwickelt hat.

BREGUET-SPIRALE
Von A.L. Breguet entwickelte Bimetallspirale auf der Unruh, die Temperaturschwankungen selbsttätig kompensiert.

BRÜCKE
Oberes Gegenstück zur Grundplatte (Platine), in der Regel mehrteilig (z.B. Räderwerks- und Federhausbrücke).

BÜGEL
Am Armbanduhrgehäuse angebrachte Halterung für das Armband.

CABOCHONKRONE
Mit Schmuckstein besetzte Aufzugskrone.

CHRONOGRAPH
Armbanduhr, die die Aufgabe einer Stoppuhr erfüllt. Meist ist der Stoppuhrzeiger als zentraler Sekundenzeiger ausgebildet; die ab Beginn des Meßvorgangs gespeicherte Zeit kann auf einem Minuten-, manchmal auch einem Stundenblatt abgelesen werden (Minuten-, Stundenzähler). Bei 'echten' Chronographen sind Stopp- und Nullstellung der Chronographenanzeige ohne Beeinträchtigung des Werksgangs möglich. Mehrere Vorgänge können gleichzeitig gemessen werden, wenn der Chronograph über einen Schleppzeiger (Rattrapante) verfügt.

CHRONOMETER
Präzisionsuhr, deren Ganggenauigkeit nach Prüfung in standardisiertem Meßverfahren durch ein Observatorium oder eine offizielle Gangkontrollstelle durch einen Gangschein bestätigt wurde.

DECKSTEIN
Zur Verminderung des achsialen Spiels auf einen Radzapfen aufgebrachter zusätzlicher Stein, manchmal auch zur Erhöhung der Steinzahl ohne jede Funktion mit Hilfe von Decksteinplättchen lediglich auf die Platine aufgeschraubt.

DIGITALANZEIGE
Direkt ablesbare Zeitanzeige durch Ziffern, schon früh vereinzelt bei mechanischen Armbanduhren eingeführt (Fenster mit sog. 'springender Stunde'), bei den ersten Quarzuhren mit Flüssigkristallanzeige Norm.

DOKTORUHREN
Anglo-amerikanische Bezeichnung für die in den dreißiger Jahren aufkommenden Duo-Dial-Uhren mit zweigeteiltem Zifferblatt, teils auch mit digitaler springender Stundenanzeige. Auch 'nurse's watch' (Schwesternuhr) genannt, da die Uhren bei Ärzten und medizinischem Personal sehr beliebt waren.

DOPPELDRÜCKER
erlauben bei Chronographen, einen Vorgang mit beliebig vielen Unterbrechungen zu messen, wobei die einzeln gestoppten Zeitabschnitte mechanisch addiert werden.

DUO-DIAL-UHR
Armbanduhr, bei der Hauptzifferblatt und Sekundenanzeige durch Zweiteilung des Blattes getrennt sind.

DUOPLAN
In zwei Etagen gebautes Uhrwerk (von LeCoultre, um 1932), sehr schmales Kaliber mit eingelassener flacher Krone auf der Gehäuse-Rückseite.

ECHTE CHRONOGRAPHEN
funktionieren bei Benutzung als Stoppuhr mit unveränderter Ganggenauigkeit als Uhr weiter.

ELEKTROMECHANISCHE ARMBANDUHR: Seit dem Zweiten Weltkrieg in Entwicklung, als Stimmgabeluhr auf den Markt gebracht, aber durch Einführung der batteriebetriebenen Quarzuhr überholt.

EWIGER KALENDER
Kalenderuhrmechanismus, der langfristig das vollständige Datum ohne manuelle Korrektur richtig anzeigt, während bei einfachen Uhren je nach Monatslänge manuelle Berichtigungen erforderlich sind.

FEDERHAUS
enthält unter dem Federhausdeckel die innen an der Federwelle und außen am Federhaus befestigte Zugfeder, die durch Aufziehen zwischen den beiden Befestigungspunkten gespannt wird und über die Außenverzahnung des Federhauses die Antriebskraft für das Uhrwerk liefert.

FLÜSSIGKRISTALLANZEIGE
Bei Quarzuhren weitverbreitete digitale Zeitanzeige mit Hilfe elektrisch angeregter flüssiger Kristalle.

FORMWERK
Nicht rundes Uhrwerk, z.B. oval, ovalisierend, rechteckig, quadratisch, tonnenförmig, Stabwerk (siehe Baguettewerk).

GANGRESERVE
Bei Automatikuhren zur Anzeige der jeweils verbleibenden Laufzeit des Uhrwerks, angegeben in Stunden.

GANGSCHEIN
Offizielle Bestätigung der Ganggenauigkeit von Präzisionsuhren (Chronometern), erteilt durch Observatorien und amtliche Gangprüfstellen.

GLEITZAUM
Bei Uhren mit automatischem Aufzug eingebaute, als Rutschkupplung wirkende Vorrichtung zur Vermeidung des Überspannens und Abreißens der Zugfeder.

HELIUMVENTIL
Vorrichtung an Taucheruhren, die beim Auftauchen aus großer Tiefe für Druckausgleich in der Uhr sorgt.

HEMMUNG
Teil des Schwingsystems, das die Ganggenauigkeit des Uhrwerks gewährleistet. Die (billigere) Zylinderhemmung ist heute weitgehend durch die Ankerhemmung verdrängt, die aus Ankerrad, Anker, Unruh mit Spirale und Plateau mit Feinreguliervorrichtung besteht.

HILFSZIFFERBLÄTTER
geben auf dem Hauptzifferblatt weitere Indikationen, z.B. Sekunden (bei 'kleiner Sekunde'), bei Chronometern Minuten- und Stundenzählung, bei Kalenderuhren Wochentag, Datum, Monat usw.

INTEGRIERTE KRONE
In eine Vertiefung des Uhrgehäuses eingelassene Krone, z.B. bei Uhren mit Krone auf der Gehäuserückseite.

ISOCHRONISMUS
Gleichlauf des Schwingsystems, gewährleistet z.B. durch Kompensationsunruh und Stoßsicherung; Störungen führen zum 'Falschgehen' der Uhr.

KALENDERANZEIGE
erfolgt entweder digital durch in das Zifferblatt eingeschnittene 'Fenster', unter denen sich Scheiben mit Datums-, Wochentags-, Monats- und (manchmal) Jahresindikation drehen, oder analog auf Hilfszifferblättern mit eigenen Zeigern. Zur springenden Anzeige wird meist in einer eigenen Feder Kraft gespeichert, die die Indikationen um Mitternacht bzw. beim Monatswechsel weiterschaltet.

KALIBER
In der Uhrentechnik uneinheitlich gebrauchter Begriff, kann das Uhrwerk allgemein, die Werkgröße, die Werkform oder den Werktyp meinen.

KLEINE SEKUNDE
Sekundenanzeige auf einem Hilfszifferblatt (meist bei der '6') durch kleinen Sekundenzeiger.

KLOBEN
Tragendes Zwischenelement des Uhrwerks, z.B. Zwischenkloben (Kleinboden) zwischen Minuten- und Sekundenrad oder Unruhkloben mit Feinreguliervorrichtung (Rücker, Rückerzeiger, evtl. Gegendruckfeder, 'Schwanenhals').

KOMPENSATIONSUNRUH
Bimetallunruh, aus zwei Metallen (meist Stahl und Messing) gefertigte Unruh, die infolge der unterschiedlichen Ausdehnungskoeffizienten beider Metalle durch Temperaturschwankungen bedingte Gangunregelmäßigkeiten selbsttätig ausgleicht.

KOMPLIKATIONEN
Uhrenfunktionen, die über die Zeitweisung hinausgehen, z.B. Datums- und Mondphasenanzeige, Weck- und Repetiermechanik usw.

LCD
Abkürzung für liquid crystal display, Flüssigkristallanzeige. Zur digitalen (selten auch zur analogen) Zeitanzeige bei batteriebetriebenen Quarzuhren üblich.

LEUCHTZIFFERBLÄTTER
Zifferblätter, auf deren Teilungen (Zahlen, Punkte) und Zeiger Leuchtfarbe aufgetragen wurde. Im Ersten Weltkrieg weit verbreitet, aber heute wegen der Gefährlichkeit der (radioaktiven) Leuchtfarben unüblich. Siehe auch beleuchtbares Zifferblatt.

LINIE
Richtiger Pariser Linie, Untereinheit des altfranzösischen Maßes 'Fuß', entspricht 2,256 mm. Noch heute für Uhrwerksgrößen verwandte Maßeinheit.

LÜNETTE
(Glasrand), Einfassung des Uhrglases, je nach Gehäuseform rund, quadratisch, rechteckig, (spitz-)oval, sechseckig, achteckig, tonnenförmig. Früher unterteilt in Guichet = extra-breit, Biseau = facettiert, Cannelé = gerippt usw.

MIKRO-ROTOR
In das Uhrwerk einer Automatikuhr integrierter Rotor, der eine zweite Funktionsebene oberhalb des Basiswerks überflüssig macht und in der Regel in beiden Schwingrichtungen wirkt.

MILITÄRUHR
Soldatenuhr, Schützengrabenuhr, ab dem ausgehenden 19. Jahrhundert gefertigte robuste Armbanduhr fürs Militär, meist mit Glasschutz (Metallgitter), häufig mit Leuchtzifferblatt.

MINUTENREPETITION
Akustische Uhrzeitanzeige auf Knopfdruck mit Meldung von Stunden, Viertelstunden und Minuten.

MONDPHASENANZEIGE
Unter einem Zifferblattfenster auf Drehscheibe, deren Drehzahl durch Zwischenräder so herabgesetzt wird, daß die Indikation nach vorausberechnetem Rhythmus weitergeschaltet wird.

MONOMETALLISCH
Aus nur einem Metall bestehend; so wird z.B. eine Unruh bezeichnet, die keine Kompensationsunruh (siehe dort) ist.

MYSTERIEUSE-ZEITANZEIGE
Indikation ohne erkennbaren mechanischen Zeigermechanismus, z.B. durch auf rotierende Scheiben montierte Markierungen. Heute auch Uhren ohne Teilungen auf dem Zifferblatt.

NAVETTE
Spitzovale Gehäuseform, in den zwanziger Jahren für Damenarmbanduhren beliebt.

NAVIGATIONS-ARMBANDUHR
Uhr mit Sternzeiteichung, auf der sich geographische Längengrade ohne langwierige Umrechnung direkt ablesen lassen.

PFEILERWERK
Konstruktiv einfachere Ausführung, aber mit den gleichen Funktionen wie das massive Uhrwerk. Auf der Grundplatte werden drei oder mehr Pfeiler befestigt, die den Abstand zur zweiten, mit den Pfeilern verschraubten Platine definieren.

PLATINE
Tragendes Kernstück des gesamten Uhrwerks.

POLYPLAN
Der Wölbung des Handgelenks folgendes Werk (Movado, um 1917) mit von der Grundplatte nach unten abgewinkelten, schräg zulaufenden Seitenteilen, auf denen Unruh und Aufzugswerk montiert sind.

PULSOMETER
Pulsmesser, Chronograph mit Sonderskala auf dem Zifferblatt, ähnlich der Respirometer = Atmungszähler.

QUARZUHR
Uhr mit Stromquelle (Knopfbatterie) als Antriebskraft und Quarzkristall als Gangregler. Die sehr konstanten Schwingungen des Kristalls werden bei der Analoguhr über einen Mikro-Schaltmotor auf das Räderwerk der Zeiger übertragen oder bei der Digitaluhr durch einen Schaltkreis in Zeichen für die Flüssigkristallanzeige umgewandelt.

RÄDERWERK
Bei der mechanischen Uhr meist Federhaus, Minutenrad, Zwischenrad, Sekundenrad und Ankerrad, sorgt für die Übertragung der Federkraft auf das Ankerrad und des Federmoments auf das Schwingsystem. Das Minutenrad treibt über ein Wechselrad das Stundenrad an.

REGLAGE
Stufenweises Zusammensetzen aller Teile des Schwingsystems einer Uhr und Abgleichen auf eine vorgegebene Frequenz.

REMONTAGE
Fertig- und Feinstellen einer Uhr durch den Remonteur.

RHODINIERT
Bezeichnung für galvanoplastisch mit korrosionsbeständigem Rhodium beschichtetes Metall.

ROSKOPFWERK
Von dem Schweizer G.F. Roskopf (1813-89) entwickeltes stark vereinfachtes Uhr-(Pfeiler)-werk, das die Herstellung von mechanischen Billiguhren in großen Stückzahlen ermöglichte.

RÜTTELAUFZUG
Um 1930 patentiertes automatisches Aufzugsystem ('Rolls', 'Wig-Wag') durch Auf- und Abbewegung des im Gehäuse auf Kugeln gelagerten Uhrwerks.

SAVONNETTE
(Jagduhr), Sprungdeckeluhr, häufige Taschenuhrform, auch für frühe Armbanduhren übernommen.

SCHALENGEHÄUSE
Einteiliges Gehäuse, in das das Werk eingelegt und das auf der Vorderseite durch das Glas verschlossen wird.

SCHALTJAHRANZEIGE
Hilfszifferblatt, dessen Zeiger in vier Jahren eine Umdrehung vollführt.

SCHNELLSCHWINGER
Unruh einer mechanischen Uhr, die statt der üblichen 18 000 Halbschwingungen pro Stunde bis zu 36 000 Halbschwingungen ausführt.

SELBSTAUFZUG
siehe Automatikuhr und Mikro-Rotor.

SKELETTUHR
Uhr ohne Zifferblatt, häufig auch mit verglastem Boden, so daß das Werk sichtbar ist.

SPIRALE
Auf der Unruh montierte Feder, die das Schwingsystem reguliert, heute meist aus selbstkompensierendem Material, z.B. einer Eisen-Nickel-Beryllium-Legierung.

SPRINGENDE STUNDE
Früher beliebte digitale Anzeige durch Fenster im Zifferblatt, das einzeigrig nur die Minuten weist, während die Stunden auf einer bei jeder vollen Stunde um eine Position weiterrückenden Scheibe abzulesen sind. Manchmal mit digitaler Minutenanzeige kombiniert.

STEINE
In der Regel synthetische Rubine, die die Lagerzapfen der Wellen aufnehmen und Reibung und Verschleiß verringern. Teils sind die Lagersteine in Chatons gefaßt. Eine mechanische Armbanduhr verfügt meist über 15 bis 17 Funktionssteine. Siehe jedoch auch Decksteine, die manchmal funktionslos sind.

STIFTANKERGANG
Ankerwerk, bei dem der Anker statt mit Steinpaletten mit zwei (billigeren) aufgesetzten Metallstiften in das Ankerrad eingreift.

STIMMGABELUHR
Als Gangregler wird hier statt dem üblichen Zylinder- oder Ankerwerk eine 25 mm lange, elektrisch erregte Stimmgabel mit 360 Eigenschwingungen je Sekunde verwendet, die Schwingungen werden in eine gleichlaufende Drehbewegung für das Zeigerwerk umgesetzt. Die bekannteste Uhr dieser Art war die leise summende 'Accutron' von Bulova, die bald durch die Quarzuhr abgelöst wurde.

STOPPUHR
siehe Chronograph.

STOSSICHERUNG
Schutz des Uhrwerks vor axialen und radialen Stößen. Verschiedene technische Lösungen: federnd gelagerte Steine, federnde Rotorwellen, elastische Polster zwischen Werk und Gehäuse usw. Häufig sind so gesicherte Uhren als 'shockproof' oder 'shock resistant' gekennzeichnet.

STUNDENWINKEL-ARMBANDUHR
Von Charles Lindbergh entworfene Uhr, auf der sich der Greenwicher Sonnenzeitwinkel zur Positionsbestimmung direkt ablesen läßt.

TACHYMETER
Geschwindigkeitsmesser, Chronograph mit entsprechender Zusatzskala.

TEILUNGEN
Die Markierungen (Stunden, Minuten, Sekunden) auf dem Zifferblatt in Form von arabischen (1, 2, 3 usw.) oder römischen (I, II, III usw.) Zahlen, Strichen (Stäben), Punkten usw.; sie können aufgedruckt, graviert, geätzt, geprägt, gemalt oder aufgelegt sein; bei Schmuckuhren finden sich oft diamantenbesetzte Indikationen. Teilungen (z.B. für Minuten) können auch fehlen; bei Designeruhren ist nicht selten lediglich die '12' durch einen Schmuckstein, ein Symbol usw. markiert (z.B. die 'Museum Watch' von Movado).

TELEMETER
Entfernungsmesser, Chronograph mit entsprechender einstellbarer Zusatzskala.

TOURBILLON
Kleiner, karussellartig im Uhrwerk umlaufender Drehtisch ('Käfig'), der die Unruh trägt und in einer Minute eine volle Umdrehung macht, verbessert die Ganggenauigkeit mechanischer Uhren.

TULA-SILBER
Früher oft verwendetes Gehäusematerial, Silber mit Niello-Dekor.

UNECHTER CHRONOGRAPH
Stopp- und Nullstellung des Chronographenzeigers führen zu einer Beeinträchtigung der Ganggenauigkeit des Uhrwerks.

UNRUH
Teil des Schwingsystems, besteht aus Unruhreif, Unruhwelle mit Zapfen, Plateau mit Hebelstein und Sicherheitsrolle, Spirale mit Spiralrolle und Spiralklötzchen, Rücker mit Rükkerstiften zur Feinregulierung. Meist Kompensationsunruh (siehe dort) zum automatischen Ausgleich von Temperaturschwankungen. Normalschwinger führen 18000 Halbschwingungen je Stunde (= 5 je Sekunde = 2,5 Hz), Schnellschwinger bis zu 36000 Halbschwingungen (5 Hz) aus.

UNRUHSTOPPVORRICHTUNG
Hält bei gezogener Krone die Unruh an, was eine sekundengenaue Einstellung der Uhr erlaubt.

VIERTELREPETITION
Akustische Anzeige von Stunden und Viertelstunden auf Knopfdruck.

VOLLSTÄNDIGES KALENDARIUM
Anzeige von Datum, Wochentag, Monat, manchmal Jahr und Schaltjahr, digital auf in das Zifferblatt eingeschnittenen Fenstern oder analog auf Hilfszifferblättern durch Zeiger, teils auch gemischt; bei Quarzuhren meist digital durch LCD.

WASSERDICHT
'Waterproof' oder wassergeschützt 'water resistant', Uhren, deren Werk gegen Nässe geschützt ist. Abdichtung von Glas, Gehäuse und Boden durch Verschrauben oder Dichtungsmaterialien, bei der Krone häufig durch Aufschrauben auf einen in die Gehäusewand eingelassenen Gewindestutzen (1926 patentiert). Ausgesprochene Taucheruhren sind meist zusätzlich gegen die hohe Druckbelastung unter Wasser geschützt.

WECKER-ARMBANDUHR
Ab 1912 entwickelt, nach 1950 häufig als 'Timer' mit diskretem Summton, heute oft beides kombiniert, bei Quarzuhren batteriebetrieben, bei mechanischen Uhren oft mit einer Feder für Geh- und Weckwerk (siehe Begrenzer), teils auch mit zwei getrennten Federhäusern; Aufzug von Hand oder automatisch.

WELTZEITINDIKATION
Auf einstellbarer Drehlünette abzulesen, bei hochwertigen Uhren auch Vorrichtungen zu direkter Anzeige auf dem Zifferblatt.

WERKSPLATINE
Tragende Bodenplatte des Uhrwerks, oxydationsgeschützt, mit meist eingefrästen Lagerstellen, Einblicklöchern usw.

ZEIGER
Hilfsmittel der analogen Anzeige, früher sehr vielgestaltig (über 100 Formen), heute vorwiegend Stab-, Dolch-, Breguet-(Mond-) und (seltener) Birnenzeiger.

ZENTRALSEKUNDDE
Sekundenanzeige durch großen zentralen Zeiger, dessen verlängerter Wellenzapfen durch die durchbohrte Minutenradwelle geführt ist; heute bei den meisten Uhren üblich.

ZIFFERBLATT
Früher meist emailliert, dann zunehmend lakkierte oder galvanisch behandelte Metallzifferblätter, heute bei Billiguhren auch aus Kunststoff. Bei hochwertigen Uhren aus Edelmetall, teils mit Spezialschliff oder guillochiert, mit Edelsteinen (oft in Pavé-Fassung) besetzt, aber auch aus Schmucksteinen, aus Marmor, Granit und anderem Gestein.

ZUGFEDER
'Motor' der mechanischen Uhr, speichert durch Aufziehen (von Hand oder automatisch) Antriebsenergie, früher aus Stahl, heute aus unzerbrechlichen, nichtrostenden, unmagnetischen Speziallegierungen.

ZWEISEITIGE UHR
Mechanische Uhr mit beidseitiger Zeitanzeige, auf der einen Seite analog, auf der anderen digital, in den zwanziger und dreißiger Jahren auf dem Markt.

ZWEI-ZONEN-UHR
Uhr mit zwei unabhängig verstellbaren unterschiedlichen Stundenzeigern oder mit zwei unabhängigen Werken und zwei nebeneinandergestellten Zifferblättern; bei Fernreisen kann auf einer Anzeige die heimische Zeit beibehalten und auf der anderen Anzeige die Ortszeit eingestellt werden.

ZYLINDERWERK
In Einfräsungen in der Unruhwelle greifen die hochgesetzten Zähne des Zylinderrads ein; wegen geringerer Ganggenauigkeit heute bei mechanischen Uhren fast völlig durch das Ankerwerk verdrängt.

INFORMATIONSADRESSEN

BUNDESREPUBLIK DEUTSCHLAND

Christie's
Deutschland GmbH
Residenzstraße 27
8000 München 2
Tel. (089) 22 30 65 und 22 95 39

Sotheby's
Deutschland GmbH
Odeonsplatz 16
8000 München 22
Tel. (089) 291 31 51
Fax: (089) 29 92 71

Uhrenmuseen und Museen mit Uhrensammlungen gibt es unter anderem in

3300 Braunschweig
Herzog Anton Ulrich Museum

7743 Furtwangen
Sammlungen der Staatlichen Ingenieurschule für Feinwerktechnik

8000 München
Deutsches Museum

7530 Pforzheim

7000 Stuttgart
Sammlungen des Landesgewerbeamtes Baden-Württemberg

5600 Wuppertal

8700 Würzburg
Mainfränkisches Museum

SCHWEIZ

Christie's
Auctioneers
8 Place de la Taconnerie
1204 Genf
Tel. (022) 28 25 44
Fax: (022) 21 55 59

Habsburg, Feldman
202 Route du Grand-Lancy
1213 Onex/Genf
Tel. (022) 757 25 30
Fax: (022) 757 64 98

Musée d'Horlogerie Château des Monts
2400 Le Locle
Tel. (039) 31 16 80

Musée d'Horologerie et de l'Emaillerie
15 Route de Malagnon
1208 Genf
Tel. (022) 23 62 63

Sotheby's Auctioneers
13 Quai du Mont-Blanc
1201 Genf
Tel. (022) 32 85 85
Fax: (022) 31 65 94

Swiss Watch and Jewelry Journal
International Edition
25 Chemin du Creux-de-Corsy
1093 La Conversion/Lausanne
Tel. (021) 39 10 65
Fax: (021) 39 40 84

GROSSBRITANNIEN UND USA

British Horological Institute
Upton Hall
Upton / Newark
Nottinghamshire NG23 5TE
Tel. (0636) 81 37 95
Fax: (0636) 81 22 58

Christie's Auctioneers
85 Old Brompton Road
London SW7 3LD
Tel. (01) 581 76 11
Fax: (01 584 04 31

Christie's Auctioneers
502 Park Avenue
New York NY 10022
Tel. (212) 546 10 00
Fax: (212) 980 81 63

Sotheby's Auctioneers
34-35 New Bond Street
London W1A 2AA
Tel. (01) 493 80 80
Fax: (01) 409 31 00

Sotheby's Auctioneers
1334 York Avenue
New York NY 10021
Tel. (212) 606 70 00
Fax: (212) 606 71 07

The Time Museum
7801 East State Street
PO Box 5285
Rockford / Illinois 61125-0285
Tel. (815) 398 60 00

The Antiquarian Horological Society
New House
High Street
Ticehurst
East Sussex TN5 7AL
Tel. (0580) 20 01 55

NAMEN- UND SACHREGISTER

Kursiv gedruckte Seitenzahlen verweisen auf Abbildungen. **Fett** gedruckte Namen verweisen auf das 'A-Z der wichtigen Firmen'.

Von vielen Seiten ist dem Verfasser während der Arbeiten an diesem Buch wertvolle Hilfe zuteil geworden. Für Anregungen, Auskünfte und aktive Mitarbeit danke ich besonders:

Geoffrey Ashworth, David Briercliffe, Grahame Brooks, George Daniels, Terry Davidson, Roger Day, Mahmad Dilloo, Edward Dreyfuss, Frank Edwards, John Goodall, Bob Hawkesworth, Elisabeth Ingles, John Keeping, Marcus Margulies, J.D. Metcalfe, Karen Mount, Robert Peppiatt, Henry Polissack, Salwa Rusconi, der Familie Scheufele, Rolf Schnyder, Rita Shenton, George Somlo, Joan Stemp, Sally Stevens, Stewart Unger, Trevor Wayman und Philip Whyte.

Sehr hilfreich zeigten sich auch führende Auktionshäuser. Hier danke ich vor allem Richard Price (Bonhams), Simon Bull (Christie's), Roger Lister (Christie's, South Kensington), Ben Wright (Christie's, King Street), Oswaldo Patrizzi (Habsburg, Feldman, Genf), Christopher Greenwood (Phillips, London) und Tina Millar (Sotheby's, London).

MICHAEL BALFOUR

BILDQUELLENNACHWEIS

Autor und Verlag waren nach Kräften bemüht, die Inhaber der Bildrechte an den Illustrationen dieses Buches zu ermitteln.
Die Abkürzungen bedeuten: o = oben, u = unten, l = links, r = rechts, M = Mitte.

Accurist 175; Apollo 18; Aston Martin 173 u; Audemars Piguet 28, 31; Bertolucci 34, 35; Breitling 44, 45, 46, 47; Bridgeman Art Library 157; Bunberry's 173 l; Cartier 48 u, 51, 52, 53; Chopard 54, 55, 56, 57; Christie's Colour Library 10, 16, 33, 42, 49, 61 o, 61 M, 93 l, 100, 114, 121 u, 127 o, 128, 129, 137, 138, 139, 142; Citizen 180; Corum 59, 60, 61; Daily Telegraph 11; (c) Demart Pro Art B V/Dacs 1989 20, 21; Dunhill 62, 63; Ebel 68; Flik-Flak 176 o; Georg Jensen 69, 70, 71, 72; Girard Perregaux 75, 78, 79; Habsburg, Feldman 10; Ingersoll 82; International Watch Company 83, 84, 85, 90; James Bond (c) 1973 Danjaq S.A. All rights reserved 141; Jaeger-LeCoultre 92, 93 r, 94 u, 95, 96; Jean d'Erc 17; Lacher 179 o; Lip 23; Longines 97, 102, 103; Mary Evans Picture Library 12, 19; Michel Herbelin 173 r; Mido 104, 105, 106, 107; Movado 108, 109, 110, 111; Omega 113, 115, 116, 117, 118, 162 o; Patek Philippe 119; Raymond Weil 130, 131; Rolex 133, 136; Rotary 143; Seiko 176 u; Sotheby's Auctioneers London 30, 48 o, 50, 67, 94 o, 109 u, 120, 121 o, 126, 132, 134, 135, 163, 172; Swatch 22, 177; Swiss Tonic 179 u; Tag-Heuer 178, 181; Tiffany & Co 162 u, 174; Time Museum 74, 159; Tissot 144, 145, 146; Ulysse Nardin 147, 148, 150; Vacheron & Constantin 151.